一吃上瘾的小吃甜点

飞雪无霜 著

重庆出版集团 重庆出版社

图书在版编目(CIP)数据

一吃上瘾的小吃甜点 / 飞雪无霜著. -- 重庆: 重庆出版社, 2017.1
ISBN 978-7-229-11014-7

Ⅰ.①一… Ⅱ.①飞… Ⅲ.①风味小吃 – 食谱②甜食 – 食谱 Ⅳ.①TS972.14②TS972.134

中国版本图书馆CIP数据核字(2016)第036991号

一吃上瘾的小吃甜点
YI CHI SHANGYIN DE XIAOCHI TIANDIAN

飞雪无霜 著

责任编辑: 李 雯
责任校对: 李小君

重庆出版集团
重庆出版社 出版

重庆市南岸区南滨路162号1幢 邮政编码: 400061 http://www.cqph.com
重庆新华印务有限责任公司印刷
重庆出版集团图书发行有限公司发行
E-MAIL: fxchu@cqph.com 邮购电话: 023-61520646
全国新华书店经销

开本: 700mm×1000mm 1/16 印张: 10 字数: 200千
2017年1月第1版 2017年1月第1次印刷
书号: ISBN 978-7-229-11014-7

定价: 39.80元

如有印装质量问题, 请向本集团图书发行有限公司调换: 023-61520678

版权所有 侵权必究

目 录

书刊检查 合格证 (1)

PART 1

做小吃甜点
的工具和材料

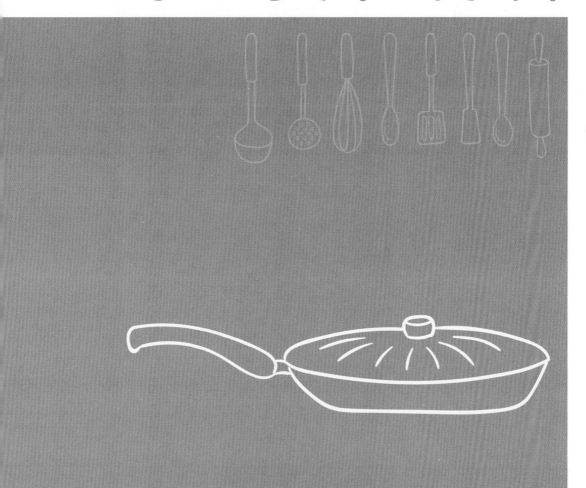

主要工具

料理机

用来搅拌各种蔬菜瓜果，非常方便。

电饼铛

用于制作各种饼类，一定要买不粘涂层的。

高压锅

用来制作食物特别快，一般不超过20分钟就能搞定了。

不粘锅

用来制作薄饼之类，一定要买不粘的。

蒸锅

蒸制各种点心，制作小吃甜点中必不可少。

烤箱

非必需，但有的点心会用到烤箱。

空气炸锅

用来炸各种食物，很快，而且少油、健康。

蛋卷模

模具的二边是平面，将面糊放入后可以快速度的压成圆饼，再卷成蛋卷就可以了。

华芙饼模

是制作华芙饼的专业工具。

保鲜袋

制作点心的时候，保鲜袋可以将放凉的点心装入用于食物的保鲜。

甜筒蛋卷模

比上面的蛋卷模更厚一点，制作出来的蛋卷甜筒，可以用于装冰激凌。

秤

不管做什么点心，最好备一个秤，这样可以方便称量，不容易失败。

冰激凌机

这是一款小型的冰激凌机，将机器放入冰箱先冷冻，然后再做冰激凌。还有一种，可以直接制作冰激凌，但价格较贵；如果没有，也可以手工的方式制作冰激凌。

手动打蛋器

用于搅拌各类面糊、鸡蛋，也可以用于淡奶油打发。

糕点模具

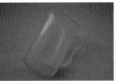

量杯

用于称量各种液体，也可以装面糊、蛋液，方便倒取。

可以用于制作月饼或各类糕点，压制成型，花纹图案可以选配。

刮刀

保鲜膜

有时候，还会用到保鲜膜。放入蒸锅中蒸的时候，这种耐高温的保鲜膜，也可以用。

用于刮各种面糊，会很轻松地将面糊从容器中刮出来。

冰激凌勺

用于将做好的冰激凌挖成球形，更美观。

不锈钢盆

用于制作点心时的盛放器具。

擀面棍

用于擀制各种面点，也可以用来压芝麻或者花生碎。

面粉筛

用于过筛各类面粉，可以让面粉更细腻。

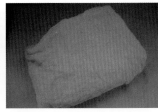

纱布

用于蒸点心时放在蒸笼底部防粘用。

刷子

用于刷各种点心的表面，也可以给食物刷油用。

硅胶垫

使用此垫后，操作点心会不粘，尺寸大约是高40厘米，长50厘米。

冰棒模

模具不贵，夏天用来制作冰棒真是太方便了。

3

小工具

保鲜膜的好处

保鲜膜在制作小吃时,可以有不粘的作用。只要把食物放在保鲜膜上面,就会让操作轻松许多。

不粘锅的好处

一个好的锅具,也可以让制作事半功倍,如果来做煎饼的话,不粘锅的强大的功能可以轻松取下煎饼。

硅胶垫的好处

硅胶垫是操作面点时的好帮手,因为其自身不粘,所以将面点放在硅胶垫上整形或做其他相关处理,都很方便。

擀面棍的好处

擀面棍不需要很大,但是一般做小点心的时候,有时候需要它来擀制,当然压芝麻的时候,它也是得力帮手。

量杯的好处

量杯的头部有一个小尖嘴,装面糊或蛋液的时候,尖嘴会将面糊集中地流出,不会洒得到处都是。

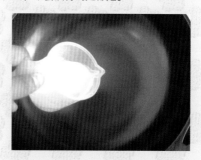

面粉筛的好处

面粉筛能过筛面粉,让面粉没有大的颗粒,制作出来的面糊更顺滑。

材料

黄油：牛奶提炼而成，营养丰富，含脂量高，用来做各式小点心。

植物油：一般不特别说明，就是炒菜用的油，需要无色无味即可。

冰糖：在制作固元膏的时候,会用到，或是做果酱的时候，用它制作风味更好。

红糖：含有多种营养成份，女性食用特别好。

白糖：调味剂，甘蔗制作而成，根据各人口味添加。

盐：少量的盐可以让小吃有咸味，同时和糖一起使用，会降低糖的甜腻感。

鸡蛋：营养丰富，常用于小吃当中。

牛奶：添加于小吃中，风味更好。

材料

奶粉：牛奶提炼而成，相对于牛奶保质期更长。

低筋面粉：蛋白质含量7%～9%，制作点心相对松软。

黄玉米粉：玉米直接磨粉而成，颜色发黄，是制作窝窝头的主要原料。

可可粉：可可豆制作而成，适量加在小吃中，会有浓浓的可可香味和颜色。

抹茶粉：颜色为绿色，制作出来的点心超级好看。

糯米粉：由糯米磨制而成，制作出来的点心比较有弹性。

泡打粉：膨松剂，适量添加于点心中会相对膨松，一定要记得使用无铝泡打粉哦。

玉米淀粉：筋度较低,常和中筋面粉1:4配比，制作成低筋面粉。

材料

中筋面粉：蛋白质含量在9%~11%，用于制作馒头，包子、饼的主要原料。

爆玉米粒：爆米花的主要原料，两头较尖。

枸杞：可养肝明目，颜色发红，养生，制作固元膏中会使用到。

红豆：可养心补血，制作蜜红豆和红豆沙的主要原料。

红枣：含糖量高，补益脾胃，制作枣干枣泥的主要原料。

花生：又叫长生果，富含脂肪和蛋白质，味道香，可以用来做花生油，花生酱。

黄豆：富含蛋白质，是制作豆浆的主要原料，同时它在驴打滚的制作中也是主要原料。

芝麻：味香，富含维生素，是芝麻香油的主要原料，用于小吃点心中，口感好。

材料

蔓越莓：又叫小红莓，被称为"北美红宝石"。有全颗和切片，切粒的可供选择，放在点心中，颜色会很漂亮。

西米：从椰树提取，是一种淀粉。

奇异果：水果的一种，富含维他命C，有着酸甜的口感。

酸奶：味甜，牛奶发酵而成，口感上相对牛奶更香甜。

淡奶油：冰箱冷藏保存，由牛奶制作而成，打发后可以用于蛋糕裱花。

番茄沙司：有瓶装和袋装，袋装较方便，可以用来蘸食。

阿胶：补血，止血，本书中固元膏的主要原料。

韩式辣酱：味道偏甜，不是很辣。韩式炒年糕的主要调料。

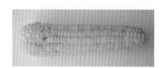

玉米：含有维生素a，对视力有帮助。选择较嫩的，可以用来制作烤玉米。

PART 2

特色小吃

班戟 其实就是煎薄饼，里面主要有鸡蛋，牛奶，还有黄油。吃得鸡蛋香，奶油香。今天夹的是奇异果，又是一番特别的风味哦。

📦 原料

低筋面粉50克，黄油10克，鸡蛋一个，牛奶150克

📋 馅料

白糖15克，淡奶油150克，奇异果果肉200克

🔪 分量

四个

🍲 做法

❶ 牛奶倒入容器中（选择一般超市卖的纯牛奶，无糖的那种就可以了）

❷ 加入鸡蛋

❸ 搅拌均匀后加入溶化的黄油（黄油可用微波炉转30秒左右至融化，或者用隔有温水的小锅煮至融化，黄油要稍凉后加入，这样做的目的是为了和牛奶搅拌的时候温差不至于太大）

❹ 然后倒入过筛后的低筋面粉（面粉过筛后不会有小颗粒）

❺ 搅拌均匀

❻ 为让面糊更细腻，最好过筛一下（过筛的时候可以用铲子用力压，将面糊水过滤出去）

❼ 过筛后的面糊

❽ 不粘锅先热一下（用小火就可以了，火力太大容易糊）

❾ 将面糊倒一点在锅内，我用的是量杯，比较方便（如果不粘锅不提前热一下，那么面糊倒入后就不会凝固，热过之后就很容易摊成饼状）

❿ 倒入后，晃动锅

⓫ 成一张圆片（这时火力就很关键了，如果火力太大，还没成圆形就已经凝固了，就成不了圆形了）

⓬ 熟后揭起就是班戟皮了

下面制作馅料

❶ 淡奶油倒入容器中，加入白糖（奶油选择动物淡奶油，一般提前放冰箱一天，这样比较好打发。白糖选择细砂糖或者糖粉都可以）

❷ 打发成稠状（打发的时候，注意容器不要过大，如果是夏天需要垫冰块打发。如果是冬天可以不用。打的时候注意速度不要过快，太快容易打发过头）

❸ 取一张班戟皮，放入打好的淡奶油和水果

❹ 折起即可

飞雪有话说

1. 一般班戟皮的表面颜色是淡的，不要有焦斑哦。

2. 如果不用奇异果，也可以用芒果、草莓等。

草莓茶巾包

草莓茶巾包：让你早餐餐桌亮起来的早点

是谁说，我们早晨的餐桌，一定要有馒头和包子？

是谁说，我们早晨的餐桌，少不了蛋糕和面包？

其实，花点小心思，早餐也可以百变花样，

让你一天的心情也如同这花般的早点一样，愉悦起来！

老人和小孩都可以吃哦。绝对的松软可口。

原料

鸡蛋一个，白糖20克，水75克，植物油10克，低筋面粉40克

打发好淡奶油少许，草莓粒少许

分量

四个

做法

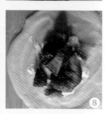

❶ 鸡蛋，白糖，水，植物油搅拌好

❷ 加入过筛好的低筋面粉

❸ 搅拌均匀

❹ 再用筛子过滤一下，将颗粒大的粉类过滤掉

❺ 平底锅用中小火，放入两小勺子面糊，摊圆（摊的时候可以晃动锅，因为面糊是比较稀的，跟着锅晃动，这样容易摊圆）

❻ 一会儿，面饼烙好了，就可以取出。只要用不粘锅就一点儿也不粘，先放一会儿等凉（如果不放凉，热的时候加入打发好的淡奶油，会让奶油融化，就不好吃了）

❼ 将淡奶油从冰箱取出，加入适量白糖打发好，取少许打发好淡奶油放在面饼中间（根据各人口味，淡奶油和白糖的比例一般是10：1就可以了）

❽ 再在淡奶油上放入草莓粒

❾ 然后包成一个小烧卖的形状就可以了。

飞雪有话说

1. 面饼的皮宜薄一些，这样也容易扎口。

2. 我用的金色扎丝，如果你没有，可以用葱叶或韭菜叶。

3. 面饼在摊的时候，也可以用勺子背摊圆。

4. 只要面饼上的面糊干了，就可以取出来了。因为如果烙的时间太长，饼上有焦斑就不好看了。

韩式炒年糕

韩式炒年糕，是韩国人比较喜欢的一种吃食。
传到中国后，很多人特别是年轻人也喜欢吃。
但虽然是炒年糕，并不是用油炒制而成，
而是用水煮出来的年糕，浓稠的汁裹上年糕，
那味道才叫好呢。
当然为了保证能吃到正宗点的韩式炒年糕，
还是建议买韩式辣椒酱来炒哦。
今天做的最简单版的，直接炒的年糕，
建议您可以加些其他配菜更好吃哦。

原料
年糕400克，植物油适量，韩式辣椒酱少许。

分量
一碗

做法

❶ 平底锅中放少许油，油热后
❷ 倒入条形年糕
❸ 然后加入适量韩式辣椒酱，再倒入适量的水
❹ 煮至浓稠即可 (这道小吃的关键之处在于韩国辣椒
　酱的选择，因为只有辣椒酱味道好，制作出来的年
　糕的味道才好吃哦)

飞雪有话说

1. 浓浓的酱汁淋在年糕上
   味道才好吃。
2. 这个是最简单的版本，
   但味道也十分不错哦。

果干烤年糕

一吃上瘾的小吃甜点

你未曾试过的别样年糕新吃法（年糕烤出蛋糕味）

美食是什么？

一般的主张就是什么东西吃出来的是美味的，就是美食。

那么年糕你爱吃吗？我反正挺爱的。

和糯米有关的东西我都爱。

不过，这糯米面烤着吃，我可是头一遭。

比蒸的年糕好吃多了。

因为不光有果香，还有杂粮香，另外又透着一层外酥内软。

相信想尝试各种美味的你，是不会错过的。

原料

植物油30克，鸡蛋一个，牛奶100克，白糖50克，糯米粉150克，蔓越莓干30克，杂粮粒少许

做法

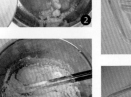
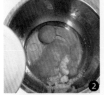
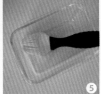

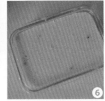
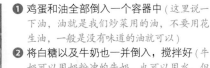
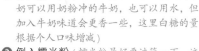
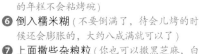

❶ 鸡蛋和油全部倒入一个容器中（这里说一下油，油就是我们炒菜用的油，不要用花生油，一般是没有味道的油就可以）

❷ 将白糖以及牛奶也一并倒入，搅拌好（牛奶可以用奶粉冲的牛奶，也可以用水，但加入牛奶味道会更香一些，这里白糖的量根据个人口味增减）

❸ 倒入糯米粉（糯米粉最好要过筛一下，这样搅拌的不容易有颗粒）

❹ 搅拌好后，倒入切碎的蔓越莓干（蔓越莓切碎一些，会分布均匀更好吃哟）

❺ 将容器中刷油（这一步处理是为了让烤好的年糕不会粘烤碗）

❻ 倒入糯米糊（不要倒满了，待会儿烤的时候还会膨胀的，大约八成满就可以了）

❼ 上面撒些杂粮粒（你也可以撒黑芝麻，白芝麻，等等）

❽ 烤箱170℃预热，上下火，将模具放入烤箱中层，烤40分钟左右

飞雪有话说

1. 这里我用的是40分钟，如果你还想颜色烤得深一些，可以再加5分钟。

2. 白糖的量根据个人口味增加。

3. 你可以放各种果干，只要是你喜欢吃的就可以。

4. 糯米粉就是糯米磨成的粉，也是一般的汤圆粉。

5. 如果你用花生油，会有种怪味道，所以一般做西点不建议用花生油。

6. 糯米类食物，不建议晚餐时食用。一次食用量也不要过多。

7. 烤的时候注意一定要烤熟，这里时间是参考标准。

蜜豆双皮奶

之前因为在朋友家吃了双皮奶，于是很想自己做来吃，做会了，这样随时都有得吃啊。

📝 **原料**

蜜豆20克，牛奶200mL（最好用全脂容易形成奶皮的牛奶），蛋白40克
（鸡蛋两个小个的取蛋白），白糖10克

📐 **分量**

两碗

🍲 **做法**

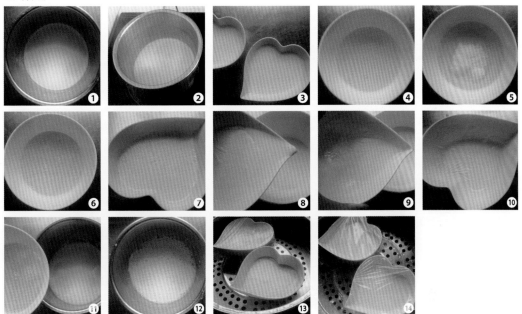

① 准备牛奶 200mL 倒入容器中

② 加热至煮开

③ 将牛奶倒入小心形碗中，放凉后碗的表面会凝固成一层皮（牛奶脂肪含量越高，越容易形成奶皮）

④ 另外准备蛋白 40克，倒入另一个小碗中

⑤ 将蛋白里加入白糖

⑥ 搅拌均匀

⑦ 图中为凝固好的牛奶

⑧ 慢慢地将牛奶从心形碗中倒一些到另一个空的小圆碗中

⑨ 留下少许牛奶不倒出（这样便于等会重新倒回牛奶时，奶皮容易浮起。如果全部倒出来的话，那奶皮就容易贴在碗边，不会浮起了）

⑩ 将剩下少许牛奶的心形小碗放一旁边备用

⑪ 搅拌好的蛋白加入刚才倒出来的牛奶中

⑫ 将蛋白和牛奶搅拌均匀

⑬ 搅拌好的牛奶再重新过滤后倒回心形碗中，碗中的奶皮会浮起

⑭ 包上耐热保鲜膜蒸 10 分钟左右，至牛奶凝固即可。蒸的时间根据碗的大小和火力大小有所调整。食用时放少许蜜豆即可

飞雪有话说

1. 蒸的时间要掌握好，如果蒸的时间过长，牛奶的口感就没有那么润滑了。

2. 整个制作过程，需要细心、有耐心。

3. 蜜红豆，就是将红豆提前泡软，然后煮熟，再放适量糖腌渍一天即可。

抹茶铜锣烧

一吃上瘾的小吃甜点

机器猫的最爱，
你也不要错过，
来个抹茶味的铜锣烧吧。

📻 原料

低筋面粉50克，抹茶粉2克，鸡蛋一个，植物油5克，牛奶30克，红豆沙100克，淡奶50克，蜜红豆20克，泡打粉1.5克，白糖20克

🔪 分量

五块左右（两块饼加馅料为一块铜锣烧）

🍳 做法

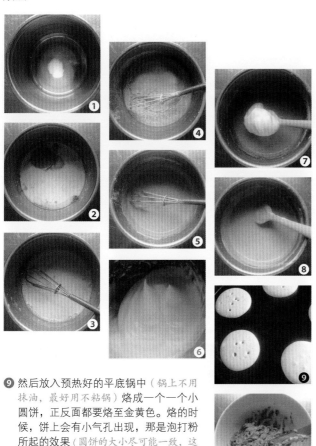

① 准备材料，将低筋面粉，抹茶粉和泡打粉过筛，蛋白和蛋黄分开，蛋白倒入无油无水的容器中加入适量白糖备用
② 将牛奶和鸡蛋黄，以及植物油倒入另一个容器中
③ 搅拌均匀
④ 倒入过筛后的粉类
⑤ 搅拌均匀备用
⑥ 蛋白和白糖打至硬性发泡
⑦ 取蛋白分三次倒入面糊中
⑧ 每倒一次翻拌均匀后再加入剩下的蛋白直到全部翻拌好，面糊光滑

飞雪有话说

1. 饼糊加入泡打粉更容易松软。
2. 抹茶的加入会让饼有少许抹茶的香味，如果想要颜色更绿一点可以多打点抹茶粉。
3. 火力不要太大，大了容易糊。
4. 锅底不用抹油，因为抹过油饼底的颜色会不同。没有那么好看。

⑨ 然后放入预热好的平底锅中（锅上不用抹油，最好用不粘锅）烙成一个一个小圆饼，正反面都要烙至金黄色。烙的时候，饼上会有小气孔出现，那是泡打粉所起的效果（圆饼的大小尽可能一致，这样夹馅的时候就会比较好看一点）
⑩ 将红豆沙加入打发后的淡奶油，混拌均匀，用于抹在放凉的饼上，最好再加少许蜜红豆拌入打发好的奶油中，更有嚼头哦

糯米枣

一口一个的红枣，既美容，又好吃。它还有一个好听的名字叫开口笑。

🍱 原料
枣10颗，糯米粉30克，开水25克，
淋汁
水100克，玉米淀粉3克，糖桂花5克

🔪 分量
十个

🍲 做法

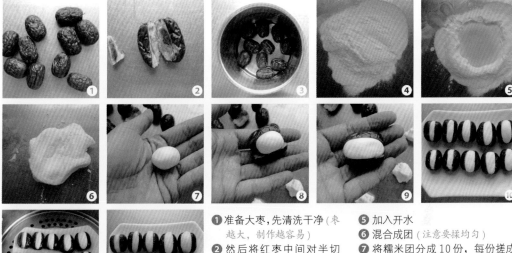

① 准备大枣，先清洗干净(枣越大，制作越容易)
② 然后将红枣中间对半切开，但底部仍相连，取出中间枣核(如果底部不连的话，那装入糯米球后不容易粘牢)
③ 泡温水30分钟(最好盖上盖子，让枣膨胀一些，可以让制作出来的成品更漂亮)
④ 糯米粉倒入案板上
⑤ 加入开水
⑥ 混合成团(注意要揉均匀)
⑦ 将糯米团分成10份，每份搓成圆形
⑧ 将圆糯米团放入枣中间
⑨ 再轻压扁
⑩ 其他依次操作
⑪ 将糯米枣放在盘子上，接着，放上蒸笼
⑫ 盖好盖后，开火，中火蒸约10分钟

准备淋汁

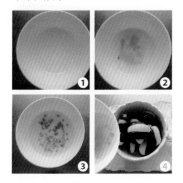

① 水加入玉米淀粉
② 再加入糖桂花
③ 用微波炉转至熟
④ 淋在糯米枣上即可

🌸 飞雪有话说

1. 最后淋汁的时候，如果没有微波炉，可以用小火煮开也可以。
2. 做好的糯米枣及时吃味道最好。

巧克力华芙饼

华芙饼小巧可爱，制作简单。

所以一有空的时候，会做上几块，

当然家人也很捧场，很快就吃掉了。

今天用的可可粉，喜欢巧克力滋味的可不要错过了。

如果家里没有华芙饼模，可以用小勺在平底锅中操作哦。

原料
低筋面粉100克，泡打粉3克，鸡蛋一个，奶粉8克，水80克，可可粉5克，
油适量

配餐
打发好的奶油、果酱和苹果各少许

分量
六个

做法

❶ 低筋面粉，泡打粉以及可可粉混合过
筛倒入容器中
❷ 再加入奶粉，鸡蛋，和水
❸ 搅拌均匀后，放半小时再用 (因为这
里用的是泡打粉版本的，没有打发鸡蛋，
那么不需要着急放入模具中烘焙，可以
先放一会儿，让面糊静置充分，制作出
来的华芙饼更好吃)
❹ 华芙饼模先用火热一下，这样不会粘
饼
❺ 用刷子先在模具里涂一点油，油热了
之后放饼糊不会粘锅
❻ 取少许面糊倒入饼模中，正反各加热
一会儿即可 (烙的时候，人不能走开，
火力要均匀，正反面都要烙熟一分钟之
后可以翻开盖子看看，最好烙成外皮酥
脆内心松软的华芙饼味道更好)

飞雪有话说

1. 烙饼的时候，注意饼皮外层烙得脆脆的会更好吃。

2. 如果喜欢原味的，不加可可粉换成面粉就可以了。

素 肉 松

素肉松：零失败（微波炉）——豆渣的变身

女儿对肉松非常感兴趣。不管是什么样的肉松。

我记得我第一次用豆渣做肉松的时候，女儿竟然没有吃出来，还说这不就是肉松嘛。

今天的这个肉松得到高人的指点，果然更像肉松了，

别说女儿，就连我也分不清这是鱼肉松还是素肉松了。

做好的肉松放在冰箱，准备早上就粥吃。

结果，等到第二天早上的时候，

哪里还有素肉松的影子，

天哪，我说，我们家出了小猫了吗？

女儿说，妈妈，没有，是我呢？嘿嘿！

原料
黄豆80~100克

调料
红糖10克，生抽30mL，色拉油10mL

做法

分量
一碗

❶ 黄豆洗净后，泡水一夜（泡好的豆子体积膨胀，容易制作豆浆）
❷ 将黄豆放入豆浆机中，加入适量的水
❸ 搅拌出豆浆，豆浆就可以直接喝了
❹ 用筛子过滤出豆渣
❺ 过滤出的豆渣沥干水分，最好放筛子中静置30分钟（放一会儿，接下来微波炉热的时候更节约时间）
❻ 将豆渣放入一个小碗中

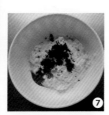

❼ 倒入调料，搅拌好
❽ 放入一个大的容器中
❾ 微波炉高火加热12分钟，中途每2分钟取出搅拌一次（随时取出看一下，防止中间转煳了，不要加盖子，直接转，让水分尽快蒸发）

飞雪有话说

1. 放入微波炉的容器一定要大，不然素肉松会转出碗外。
2. 也可以放入炒锅中炒熟，但要注意不能煳锅。
3. 这里我用的是黄豆浆，你也可以随个人口味加入其他豆类做出豆浆来做素肉松。
4. 由于生抽已经有盐了，所以不用放盐。
5. 做好的素肉松最好过筛一下，口感、卖相会更好。

糖不甩

糖不甩是广东的一款甜点。据说还和男女的姻缘有关呢。

如果男方上女方的门，女方家长同意这门婚事，就端来糖不甩（意为甩不掉的婚姻），如果不同意这门婚事，就端来腐竹糖水。很有意思吧。

📦 原料

糯米粉120克，开水80克，花生芝麻碎少许，白糖10克，红糖10克，凉水30克

🔪 分量

十个

🍲 做法

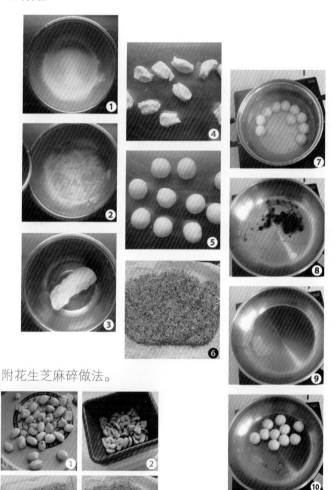

❶ 糯米粉 120 克倒入容器中

❷ 再将开水 80 克倒入糯米粉中

❸ 揉成糯米粉团，多揉二分钟，让粉团滋润一点

❹ 然后分成 10 份

❺ 搓成圆球形（面团揉得较硬一点，容易成形）

❻ 将花生，芝麻粉，用烤箱稍烤一下更香

❼ 汤锅中放适量的水，煮开后，倒入汤圆煮至浮起捞出。约八成熟（不要煮太烂了，因为后面还要煮一下）

❽ 另起平底锅，倒入红糖 10 克和 30 克凉水（如果有黄糖或片糖更好）

❾ 糖水煮开后

❿ 倒入汤圆，让糖水沾上汤圆后，再盛起，淋上芝麻花生碎及白糖的混合物即可（吃的时候蘸上花生芝麻碎特别香）

附花生芝麻碎做法。

❶ 花生去皮

❷ 加入芝麻压成花生芝麻碎

❸ 然后倒入容器中

❹ 要用时再稍烤一下烤香即可

飞 雪 有 话 说

1. 搓小圆子的时候，要大小一样，均匀，做出来才好看。

2. 最后淋的花生碎，不要省略，非常好吃。

29

豌豆黄

这是一款老北京的小吃，用豌豆来制作。

📋 **原料**

去皮豌豆100克，白糖40克

📝 **分量**

十块

🍲 **做法**

❶ 去皮豌豆清洗干净（这里用去皮的十分方便，如果不去皮的需要先进行去皮处理）
❷ 加上适量的水浸泡一小时（泡好的豆子就十分膨胀，煮的时候就会十分好熟）
❸ 放入高压锅中
❹ 煮熟（大约中火煮10分钟就熟了）
❺ 将多出来的水过滤出来
❻ 然后放入料理机中搅拌
❼ 变成糊状
❽ 然后倒入炒锅中
❾ 加入适量白糖
❿ 用小火炒至稠状，推起有皱褶（注意这个点心，其他地方都很容易，在炒的时候，要注意，不能像豆沙一样炒太干，如果太干，那么放凉后会开裂。也不能炒太稀，如果太稀凝固不起来哦）
⓫ 倒入容器中
⓬ 放冰箱冷藏变硬即可

飞雪有话说

1. 放冰箱变硬后就可以取出切片食用了。
2. 这个点心不用其他添加剂，豆子本身炒好后放冰箱会自然凝固的。

乡巴佬鸡蛋

一款很好吃的煮鸡蛋，很入味。

🍱 原料
鸡蛋 4 个

🍱 调料
啤酒200mL，老抽 2 茶匙（10mL），白糖40克

🔪 分量
四个

🍲 做法

❶ 准备材料
❷ 鸡蛋先用水煮熟（鸡蛋清洗干净，放入水没过鸡蛋，水开后煮约 3 分钟，就会熟了）
❸ 煮熟后的鸡蛋去壳后，倒入锅中（鸡蛋在热的时候，放入冷水中，变凉再剥皮，一不会烫手，二来鸡蛋容易去壳，剥得特别轻松）
❹ 加入其他调料
❺ 中火煮开
❻ 继续煮至汁收干为止（这里要用小火慢煮，一直到汁全部裹在鸡蛋上，会比较入味）

飞雪有话说　1. 如果喜欢的话分量可以加倍。
2. 在煮鸡蛋的时候，在煮鸡蛋的水中放点盐会比较容易剥皮。

香酥蛋卷

香酥可口的蛋卷很多人喜欢吃。
看上去就是面粉搅拌好，
其实要做好，
还要掌握技巧。

▣ 原料
低筋面粉50克，黄油35克，蛋白一个（40克左右），白糖25克

◣ 分量
十六根

▦ 做法

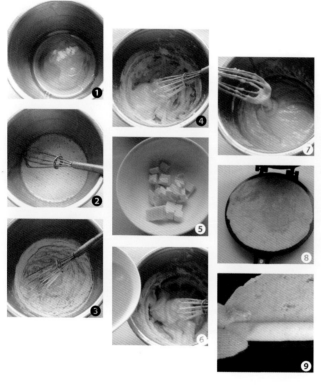

❶ 蛋白加入白糖
❷ 用手动打蛋器混合均匀
❸ 接着倒入过筛后的低筋面粉
❹ 搅拌均匀
❺ 黄油切小块隔水融化
❻ 然后冷却后倒入面糊中（黄油稍放凉，不至于太烫影响面糊口感）
❼ 成稀糊状（一定要是打蛋器提起，顺着打蛋器往下滑的状态，如果不滑动的话，面糊太厚，摊的时候，不能及时地摊成饼状，如果太稀的话，饼皮摊的时候不易成形）
❽ 倒入预热过的蛋卷模中，压成圆片
❾ 手上套手套，用筷子放在饼皮中间，然后就将饼皮直接卷在筷子上，卷成蛋卷。再抽出筷子就可以了

飞雪有话说

1. 面糊的量一次放多少？放多了，容易涨出模具，放少了太费时间。蛋卷做出来也很短。

2. 什么时候开卷。提前卷了蛋卷不脆，推迟卷不起来。所以以上两点是通过实践来完成的。

3. 怎么卷？如果没有棍子，那就用筷子好了，也一样方便。手上一定要套手套，不然会很烫。火力要用小火。

芝麻酥糕

小时候，家里没什么吃的。有时候会有些花生，妈妈也会挂得高高的，
来客人的时候才会吃到。
我和弟弟，会将那个装花生的袋子，弄个小洞，掏些花生出来吃，
妈妈还以为家里的老鼠吃的呢。
家里偶尔也会有些芝麻，会看着奶奶炒芝麻。
炒完后，用擀面棍一压，加上些白糖，别提多香了。
今天的这个芝麻酥糕，就是香香的酥酥的。

原料
中筋面粉50克，白糖30克，芝麻80克，猪油40克

分量
八块

做法

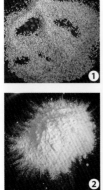
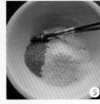

❶ 芝麻用小火炒熟（炒的时候注意，一定要不断地翻炒，让芝麻都会受热均匀，如果不翻的话，可能一块地方已经熟了，而另一块地方还没熟）
❷ 面粉也用小火炒熟（面粉也是同样的道理，需要不停地翻炒，如果用烤箱也可以烤熟）
❸ 将芝麻装入保鲜袋中，用擀面棍擀碎（用擀面棍擀也可以，用料理机搅拌碎也行。但用料理机的话，需要将配方中的面粉和芝麻一起搅拌，否则光是芝麻，会容易出油结小团了）
❹ 芝麻碎、白糖、猪油放入容器中
❺ 再倒入熟面粉，搅拌均匀
❻ 准备好模具
❼ 模具中装入糕粉
❽ 一压就是方形糕了（如果倒入模具的时候，害怕芝麻粉会粘模具，可以在模具中事先撒一些熟面粉再倒出来，这样不容易粘模具）

飞雪有话说

1. 要想糕出来的纹路清晰，一定要将粉类过筛一下。过粗筛子，这样会比较容易有形状。粉类要保持松散的感觉。
2. 白糖我放得不多，根据自己口味添加。

香甜烤玉米

煮熟的玉米吃起来本来就香甜可口，
如果来烤的话就会有另外一番风味。

🍽 原料
玉米一根

🔪 分量
四块

🥄 做法

飞 雪 有 话 说

1. 烤玉米的时间，根据玉米的大小和上色程度自己决定
2. 如果喜欢撒点椒盐之类，可以烤好后再撒。也有人喜欢刷烤肉酱哦。

❶ 准备一根玉米（玉米最好选择金黄色的甜玉米，好烤也好吃）
❷ 将玉米清洗后倒入小锅中，小锅中加适量的水
❸ 将玉米中火煮10分钟后，切成小段，放入烤盘中（如果害怕玉米刚煮出来烫手，可以先放冷水中放凉后再切）
❹ 再放入空气炸锅中，烧烤功能230℃烤10分钟（如果家里没有空气炸锅，可以放烤箱中烤制稍上色即可）

PART 3

传统小吃

桂花糯米藕

桂花糯米藕：江苏水乡人家一道经济实惠性小吃

我来自于江苏

所以，和水乡有着深厚的情谊。

和藕有关的吃食，是数也数不清的。

藕在我们这儿也特别便宜，到了夏天，一元三斤也都会有的呢。

我记得，从小时候起，我奶奶每年都是要做糯米藕给我吃的。

我也很喜欢吃奶奶做的糯米藕。

原料
藕800克，糯米250克，冰糖50克，桂花酱50克

分量
三根

做法

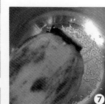
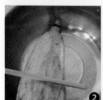

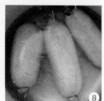

❶ 首先将米洗过后，晾干（如果先泡水两个小时，再晾干装藕的话，米比较容易熟，而米洗过直接晾干，口感更有嚼头，所以说米是泡水，还是不泡水，根据个人喜好，没有十分讲究）

❷ 藕先进行自身清洁工作（藕要选择两头密封的，藕里面不会有泥，用筷子的根部来刷藕，很容易哦）

❸ 藕前端切下来，方便进行灌藕（前面不要太长，一点点，最后可以合起来就行）

❹ 开始装了，藕的眼越大，装的米越多，也越好吃

❺ 装入米，这时，要一点一点地轻轻敲打着藕，这下米就容易下去了，然后再用筷子将米往里推，保证每个藕眼里都是米（如果不这样操作的话，中间可能会有空心，最后吃的时候，就不会每段里都是米粒拉）

❻ 装好的米要和藕一样平

❼ 然后用牙签将藕的两段连接起来。藕切开的小段不用装米，下锅之后，另一端的米，会自动进入这个藕头的

❽ 你选择的藕一定要和锅差不多大，如果太大的就不行了哦。然后放入藕、桂花酱和冰糖，倒入适量的水，水没有藕即可。冷水上锅，水开后，中火煮20分钟即可（如果要想藕的汤也很浓厚，可以开盖多煮些时间）

飞雪有话说

1. 夏天要到了，藕在家家户户的餐桌上也很常见了。这时，做一些和藕有关的吃食，也不错哦。

2. 如果家里有糖尿病人的话，水里不用放冰糖，直接煮好就可以。如果家里有小朋友，一定要加冰糖和糖桂花来煮，这样，藕有一股桂花的香气。

3. 冰糖和糖桂花的量，要根据个人口味来。

4. 煮好的藕切的时候，容易粘刀，所以将刀沾些水来切，会比较容易。

5. 吃的时候淋上桂花酱，真是一切尽在不言中啊……

炒疙瘩

一吃上瘾的小吃甜点

炒疙瘩：面条吃腻了怎么办？

炒疙瘩是怎么来的呢？

相传很久以前，

有一家面店生意特别红火。

可是面条再好吃，

人们也有吃腻的时候啊。

于是大家纷纷提议店家增加新的品种，

店家心想长的你们吃腻了，就切短嘛。

那这样炒疙瘩就应运而生了。

话说，大家吃了这炒疙瘩之后，

这家面店的生意就更火了！

🗂 **原料**
面粉50克，水20克，青豆20克，玉米粒20克，莴笋粒20克，葱油少许

🍱 **调料**
豆瓣酱10克

📏 **分量**
一碗

🍴 **做法**

① 面粉加水搅拌成团，盖好盖醒10分钟（醒的目的是为了让面团待会儿更好操作）

② 然后将面团搓成长条

③ 再切成小粒备用（小粒的大小根据个人喜欢来，我喜欢一厘米左右的）

④ 准备青豆粒，玉米粒，莴笋粒备用（这个家里有什么蔬菜可以放什么）

⑤ 锅中放水，水开后，倒入疙瘩

⑥ 煮至八成熟捞出（因为待会还要炒，所以不能煮全熟）

⑦ 另起锅，倒入油和葱末（有姜末放些姜末）

⑧ 接着倒入豆瓣酱（炒一下会更香）

⑨ 然后倒入各种粒炒均匀

⑩ 再倒入疙瘩翻炒均匀起锅

飞雪有话说

1. 你也可以放胡萝卜粒，荷兰豆等等蔬菜粒。

2. 面条吃多了，试试这个，口感也不错哦。

3. 酱里已经有盐了，可以不用放盐。

锅 巴

以前农村的时候，
大锅饭的锅巴那叫一个香。
可惜现在没有大锅饭，
锅巴吃得也少了。
不过好在家里有电饼铛，
所以吃起锅巴来，
也不是什么难事。

🗄 原料
　大米150克，水110克左右

🔪 分量
　一块

🍲 做法

❶ 准备大米，淘洗干净
❷ 泡在110克水中30分钟 (让米充分膨胀)
❸ 放在电饼铛里摊平盖盖
❹ 直至底部烟了为止 (随时注意看一下，底部变成锅巴
　就可以取出来了)

飞雪有话说
1. 米需要浸泡后煮的时候容易膨胀。
2. 电饼铛火力比较均匀，所以煮的时候好煮。
3. 电饼铛一定要用不粘的哦。
4. 做好的锅巴怎么吃呢(①可以直接吃。②可以下油锅炸着吃。③可以做一道
　名菜天下第一菜，炸好后淋番茄酱吃)

江米条

炸好的江米条内部组织，
因为用了开水，所以里面
是蜂窝状的。

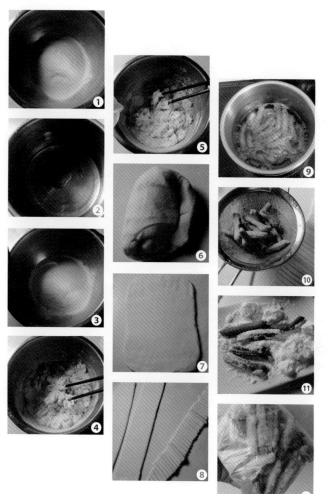

小时候那时点心很少，每年过年，

记得家里大人来回拜年无非就是京果（江米条）、白糖或蜜枣。

每回家里来人基本看到的就是这些。

现在人们生活水平提高了，江米条基本上也见得少了。

越来越多地出现了很多高档食品，

但仍然忘不了这种脆脆的酥酥的江米条的味道。

原料

糯米面200克，开水70克，冷水30克，麦芽糖20克，糖粉100克，
油少许

分量

半斤左右

做法

飞雪有话说

1. 传统江米条用的糖制作糖浆，然后裹上江米条，所以非常的甜。外面是一层白霜。今天我用的是糖粘江米条，所以不会太甜。

2. 炸的时候一定要小火慢炸，容易炸透，会非常酥脆。

❶ 糯米面倒入容器中

❷ 另取容器放入 70 克水加入麦芽糖煮开（这样面团里就会有甜味，有人说我放白糖行不行，也可以，不过麦芽糖的味道更好）

❸ 将煮开的水，倒入糯米面中

❹ 然后用筷子搅拌均匀（先用开水将面烫熟，再加少许冷水揉均匀，称为半烫面）

❺ 再倒入 30 克冷水

❻ 揉成面团，面团揉得越光滑，炸的时候，越容易膨胀

❼ 将面团擀成长方形面片

❽ 再将面片切成细条

❾ 然后将细条放入油锅中炸制，油温要低些，时间长些。表面焦黄色即可。炸的时间大约是 10 分钟，所以火力一定要小。刚放入后，过会儿会膨胀，你别管它，也别离得太近，防止炸到

❿ 炸好的江米条

⓫ 然后根据个人口味将江米条滚上白糖或糖粉

⓬ 炸好后，大约这么多哈

焦糖爆米花

夜饭之餐前小食
请导演将镜头拉到年三十晚六点。
忙碌了一年的人们，
终于在年三十的时候，大多都不再工作。
人们为了彼此的亲情，
也为了那顿丰盛的年夜饭，
家家团聚在一起
其乐融融。
看看女人们，正在厨房辛勤地劳作，
再看看男人们都在畅所欲言，谈谈一年来的感受。

最高兴的还是小朋友们，可以看电视，可以玩了。
那么此时此刻，你的内心感受是什么？
过年真好！
女主人已经为家人准备了瓜子，花生，糖，水果，以及其他食物。
这个时候我们是不是应该也来点爆米花呢？
俗话说，爆竹声声辞旧岁嘛。
要不，咱们也来点？

■ 原料
爆玉米两把，白糖10克，黄油10克

■ 分量
一罐

■ 做法

❶ 准备玉米 (注意制作爆米花的玉米不是所有玉米都可以，一定是小颗粒的爆米花专用玉米才行)

❷ 将电饼铛开火，玉米放入电饼铛中，接着放入油

❸ 黄油融化了之后，用铲子搅拌均匀

❹ 再放入白糖

❺ 白糖融化后，再用铲子搅拌均匀

❻ 盖盖 (建议你用一般蒸锅的盖子，那个会更严实)

❼ 过几分钟，听不到响，爆好的玉米完成了 (是不是特简单啊)

飞雪有话说

1. 玉米一定要用爆玉米，普通的玉米是爆不起来的。

2. 你可以放在平底锅、微波炉中爆，效果是一样一样的。

3. 但在微波炉中爆的时候，千万不要用塑料的，也不能放糖，不然会把锅子给消灭的，而且在微波炉中放糖容易转焦。

4. 话说，我弟弟昨天回去炸了七八次，成功消灭了一个塑料锅，一个塑料盖，最终爆得真金。现在已经忙着将爆玉米送人了。小燕子极力地说好，我的上幼儿园的侄女则是爆一锅，吃一锅，可见这爆玉米的强大杀伤力了。但我之前声称，不能用塑料的放微波炉里爆，结果我弟弟拿我的话，不当话，第一次就把塑料容器给爆坏了。第二次，他听话了，没用塑料的，结果爆的时间太长了，用了四分钟，玉米全部糊化，盖子都给掀了。最终的经验是，用家里吃饭的碗，两分钟就可以了，切记切记。

5. 我回家后，将我弟弟做玉米的事，告诉我老公。结果他说，你们家人就是犟！（言下之意，说我也犟）我说，你还说我家人呢。上次，你用玻璃碗蒸蛋，结果一取出来遇冷就破裂了。我跟你说，冬天不要用玻璃蒸鸡蛋，你倒好，一蒸坏一个，也就算了。第二次，你不还是用玻璃碗蒸蛋，结果不又坏了一个？究竟是谁犟啊？

驴打滚

这又是一道老北京传统小吃，
喜欢吃糯米的朋友可不要错过了。

📖 原料

糯米面100克，黄豆面30克，水100克，豆沙馅100克

📝 分量

八块

🍲 做法

❶ 黄豆面蒸20分钟并过筛备用（蒸的时候，最好将面用保鲜膜盖好，防止蒸锅里的水滴上去）

❷ 糯米面加水混合均匀

❸ 盘子上放张涂有植物油的保鲜膜（保鲜膜一定要耐热的，如果不放保鲜膜，可以盘子里面涂油也一样），再倒入糯米面糊，蒸20分钟至熟

❹ 将黄豆面均匀地摊开，蒸熟的糯米面团，倒入黄豆面中摊平

❺ 再将豆沙馅均匀地铺在糯米面团上，留下一厘米左右不铺，才会好卷

❻ 然后将糯米面卷起，切块即可食用

飞雪有话说

1. 红豆沙美容又养颜，女性朋友可以多吃。

2. 做好的驴打滚尽快吃完，时间长了口味会打折哦。

麻团

豆沙麻团：空心麻团的奥秘
在中国人每天必吃的早点中，
麻团也是一个重要的角色。
麻团既有空心的，也有放馅的。
不管是什么味道的都是让人难忘的。
因为外面店里的油和泡打粉的质量让人不放心，
所以大家往往选择在家里制作麻团。
这样制作出来的麻团既让人放心，吃得又安心。
可是空心麻团为什么是空心的呢？
其实就是因为糯米粉中加了泡打粉。
泡打粉可以有起发的作用，
这样做出来的麻团就个个是空心的了。

原料
糯米粉125克，白糖25克，热水65克，无铝泡打粉1克

馅料
豆沙少许

分量
十个

做法

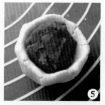

飞雪有话说

1. 如果直接用开水烫糯米粉，糯米粉会比较干燥，容易开裂。但取十分之一的糯米团放回锅中煮开，再放回原糯米团中，糯米团就非常容易操作。
2. 你也可以加少许面粉，这样也会容易操作。
3. 白糖的量一般是15～25克自由选择。
4. 炸的时候不用太大的火，火太大，会造成外面熟了，而里面夹生。
5. 用勺子不断地按压麻团，麻团就会胀得既大又圆。
6. 因为放了泡打粉，所以麻团个个是空心的。
7. 油炸食品不建议经常食用，偶尔吃一下可以。呵呵。
8. 我有的包了馅，有的没包馅，看个人喜欢。如果不包馅，也可以包些白糖。这样受热后，糖化了，里面是空的也很好吃。

❶ 糯米粉加泡打粉过筛，用热水倒入过筛好的粉团中，接着加入白糖搅拌成团，再取十分之一面团放水中煮开后，放回原来的糯米团中揉成团稍醒一下（这样的目的是为了让糯米团好包，容易操作）具体见153页
❷ 准备豆沙馅分成相同的大小，分量是糯米团的一半
❸ 糯米团分成10个左右的小剂子
❹ 取一个糯米团擀圆，用手窝成一个小圆碗模样
❺ 放入豆沙馅
❻ 包成圆形备用（就像包汤圆一样）
❼ 在糯米团周围撒上白芝麻
❽ 将糯米团全部滚上芝麻
❾ 锅中放油，油热后
❿ 放入麻团坯子，并不停地用勺子按压麻团，让麻团胀大
⓫ 炸好的麻团捞起，控干油分

南瓜开口笑

用南瓜做的开口笑，
炸出来的颜色也会偏金黄一点。

📇 原料
中筋面粉100克，植物油15克，南瓜50克蒸熟，细砂糖30克，泡打粉1克，芝麻适量

🔪 分量
二十四个

🍲 做法

❶ 除芝麻外的其他材料，放入容器中
❷ 揉成团 (揉的时候多揉一会儿，表面要光滑)
❸ 将大面团分成10克一个的小剂子
❹ 然后用手搓圆
❺ 外面裹上芝麻 (这里芝麻是生的，炸的时候会炸熟的)
❻ 放入油锅中，油温140℃左右炸熟即可 (炸的时候，火力大小要均匀，火力太小，不容易炸透，火力太大，会容易煳)

飞雪有话说　1.这里我用的是黑色的芝麻，你也可以用白芝麻，白芝麻特别是去皮白芝麻，制作出来更好看。
2.炸的时候，要注意将开口笑完全炸透，否则会外面颜色已经到位了，而里面还没有酥脆的口感。
3.如果想要更好吃，可以减少南瓜的用量，加大植物油的用量。这里用的是相对健康的做法。

排叉

四角钱搞出大名堂：排叉

女儿：妈妈，你什么都会做吗？

我：是啊。（我在女儿面前永远也不谦虚）

女儿：那你有一样一定不会？

我一听慌了：哪个啊，女儿？

因为你从来没做过排叉！！！

🍱 原料
中筋面粉150克，腐乳汁10克，水40克，黑芝麻少许，香油30mL

🔪 分量
三十块

🍲 做法

❶ 所有材料放在一个碗中

❷ 搅拌成团（水量根据情况放，以能够和成面团为宜，如果没有腐乳汁也可以不放）

❸ 压平，一定要有一张牛皮纸的厚度，面片的宽度是10厘米（注意不要太薄，太薄了炸的时候，吃起来没有口感，但也不要太厚哦）

❹ 再将面片对折，用刀每隔7厘米就切一小段，头部不能断，切三刀断一下

❺ 一段一段地分好，最后应该是一个3厘米宽，10厘米长的小段（当然这里的长短也不是绝对的，你做的时候根据你的喜好，决定面片大小）

❻ 将面片的一头从中间穿过去就成了排叉的形状了

❼ 下油锅炸，直到炸好为止（面片膨胀到油面上，表面金黄色就可以了）

飞雪有话说

1. 面片的厚度不能太厚，这是酥脆的关键。

2. 芝麻随意，你也可以放白芝麻。

3. 面粉里也可以随你的爱好，用一点全麦粉，或是玉米粉替换掉少许中筋面粉。但不能多哦，如果替换也只能替换十分之一哦。

肉脯

自己家做的肉脯，
真材实料，
透着都是肉香。

📠 原料
　猪肉250克，排骨酱30克，黑芝麻10克，蜂蜜少许

🔪 分量
　十二块

🍲 做法

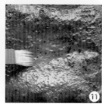

❶ 准备猪瘦肉
❷ 切成小块，放入搅拌机中
❸ 然后用搅拌机搅拌成肉馅
❹ 加入排骨酱
❺ 搅拌均匀
❻ 再倒入黑芝麻并搅拌均匀
❼ 然后装入保鲜袋
❽ 用擀面棍擀成薄片
❾ 放冰箱冷藏室
❿ 放两小时后，再撕掉保鲜袋放入有硅胶垫的烤盘中（这样可以防止肉脯缩得更厉害）
⓫ 烤箱180℃预热，中层，烤50分钟左右，30分钟后取出来翻面烤，中间要分次刷蜂蜜。继续烤干为止

飞雪有话说

1. 如果不加黑芝麻，也可以放白芝麻。
2. 烤的时候，注意别烤得太干。

酒 酿

📻 原料

糯米100克，酒曲1克左右

🔪 分量

两百克

🍲 做法

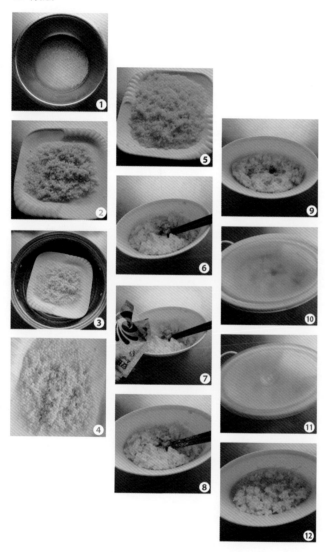

❶ 将糯米清洗干净后，泡米，最好一晚上

❷ 将泡好的米放入盘子里，最好再洒点水，防止蒸的时候，夹生

❸ 上笼中火，冷水上锅蒸约20分钟

❹ 蒸好的米饭放至稍凉

❺ 将蒸好的米饭放入酸奶机容器中（我的酸奶机温度不是很高，做酸奶还需要隔点热水效果才好，所以做酒酿我不放热水就可以了。或者放些凉水可以降低酸奶机通电后的温度）

❻ 加入酒曲

❼ 搅拌均匀

❽ 中间挖一个小洞

❾ 酸奶机盖好盖

❿ 通好电

⓫ 发酵约24～36小时，一天之后看看，如果发酵变酸了，就不要再通电了

⓬ 然后把发酵的酒酿放冰箱冷藏室，大概三五天之后再吃，因为这时还不甜，要慢慢冷藏发酵至变甜了再吃哦

飞雪有话说

1. 米泡一晚上容易蒸透。

2. 放糯米的容器一定要没有油，保证干净。

小豆凉糕

小豆凉糕：纳入满汉全席的传统夏令风味小吃

提起红豆沙大家都喜欢吃。

提起小豆凉糕也有不少人知道。

其实，这个小豆凉糕

曾被纳入满汉全席的"万寿宴"中，

所以它是这个夏天一定要试的甜点哦。

原料
红豆沙100克，水100克，白糖15克，鱼胶粉5克

分量
八块

做法

❶ 准备鱼胶粉放在小碟子上

❷ 加入白糖搅拌好

❸ 锅中放水，水开后，倒入鱼胶粉和白糖的混合物

❹ 煮开，加入红豆沙再次煮开 (煮的时候要用小火，火太大容易糊，同时一边煮还要一边搅拌)

❺ 用筛子过滤一下，我用的是自己做的红豆沙，有豆皮，所以要过筛 (过筛后的小豆凉糕口感上更细腻)

❻ 放冰箱冷藏一个小时以上即可食用

飞雪有话说

1. 这里的红豆沙可以自制，也可以去超市购买。

2. 鱼胶粉加白糖搅拌好，这样倒入水中不会结块。

3. 过滤一下，是为了口感更好。

玉米窝头

传说，小窝头是清代慈禧太后喜爱的一种食品。

小窝头一般由几种面混合而成。有些像圆锥形，底部有个圆洞。

小窝头蒸熟后成金黄色。

传说它是八国联军进北京，慈禧逃亡的时候，吃过的一种美食。

而慈禧吃过后，念念不忘，后来叫御膳房照着做，

终于研发出她喜欢的小窝头来。

我们老百姓一般制作的窝头由玉米面和黄豆面制作而成。

时间到了今天，人们也喜欢吃小窝头，但却是出于养生的角度。

多吃粗粮多健康。

小窝头还有一个极好听的名字叫金字塔。

原料
玉米粉200克，黄豆粉50克，泡打粉4克，白糖80克，水100克

分量
二十二个

做法

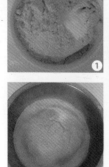
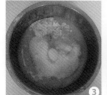

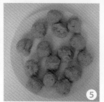

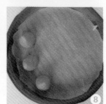

❶ 将粉类过筛 (玉米粉，黄豆粉，泡打粉)
❷ 过筛后的面粉倒入容器中
❸ 加入白糖和水
❹ 搅拌成团，醒 20 分钟 (醒一会儿比较容易成团，也较容易操作)
❺ 将粉团分成 22 个 20 克左右的小剂子
❻ 取其中一份搓成圆锥形
❼ 用中指戳进去
❽ 经过旋转，小窝头底部形成一个空洞，上锅蒸 20 分钟即可

飞雪有话说

1. 如果没有黄豆粉，可以直接用玉米粉。

2. 玉米面本身就是粗粮，千万不要考虑面粉的口感。而我们在饭店吃到的那种都是加了面粉的产物。

菠菜凉皮

凉皮来自于陕西。所以又称为陕西凉皮。
现在天气渐渐热了，就非常适合吃凉皮了。
凉皮分大米面皮和小麦面皮。
小麦面皮相对而言更容易些。
所以今天就来做小麦面皮。

原料

菠菜150克，水1000克左右，高筋面粉150克，盐1克，油少许

配料

花生米50克，胡萝卜一小根。

调料

芝麻酱15mL，生抽15mL，醋10mL，白糖5克，油辣子，鸡精少许

分量

两碗

做法

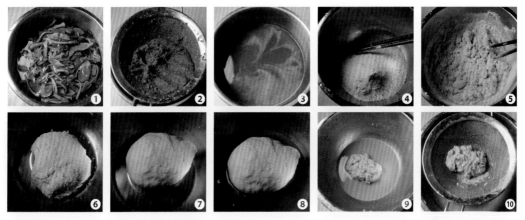

❶ 菠菜清洗后，焯水。再倒入冷水中，放凉（菠菜焯水的时候，水里放点盐和油，焯水后及时投到冷水中，菠菜会显得十分绿）

❷ 然后将菠菜切成段加水用搅拌机打成菜汁。过滤菜渣

❸ 过滤后的菠菜汁

❹ 面粉加盐，倒入容器中

❺ 然后加65克左右菠菜水搅拌均匀

❻ 揉成面团。但并不光滑

❼ 醒一下再揉就光滑了（所谓醒的意思，就是让面团盖好盖，在室温下放一会儿，这样面团经过松弛就容易揉光滑）

❽ 然后分几次倒入菠菜汁

❾ 每揉一次，菠菜汁里就会多出好多淀粉（淀粉是从面团里揉出来的，随着揉的次数越来越多，面

团会变得越来越小，直至将面团里的淀粉全部揉出来，剩下的只是面筋，任务就完成了），将揉出来的淀粉水倒在另一个大的容器中，再加菠菜汁揉下一次。一直揉至面团只剩下少许面筋

❿ 然后将所有淀粉水过滤一下，这样蒸出来的面皮会比较光滑。面筋单独放一个小碗中

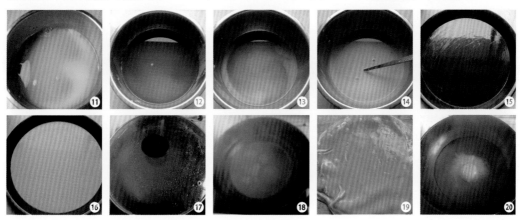

⑪ 过滤后的面浆，放一晚上

⑫ 经过沉淀后，下面会比较稠，上面会比较稀

⑬ 然后将上面的水轻轻倒去。这样做的目的是为了让凉皮更筋道（注意这里去水不是全部去掉，只是去掉一大部分水，还要剩下一小部分水和底部淀粉混合好再蒸。如果水全部去掉了，蒸出来的凉皮口感会发硬，因为水太少了。如果水留下得太多，那么蒸的时候就不容易凝固了，这里需要掌握一两次就好操作了）

⑭ 再用筷子搅拌均匀

⑮ 取一个深比萨盘，上面涂油。不粘的就不用涂油（涂油的目的就是为了能不粘模具）

⑯ 倒入面糊，薄薄的一层即可。太厚不容易熟，也不好吃

⑰ 锅中水烧开，将比萨盘放入锅中，盖好盖

⑱ 然后中火蒸两三分钟，看到凉皮上面会有大的气泡，就说明蒸好了

⑲ 这里要准备一个夹子夹比萨盘。因为锅里的水比较热。所以用夹子方便。将比萨盘放在冷水中，放凉，再轻轻一揭，凉皮就下来了。然后将凉皮放在涂过油的案板上。再在凉皮上刷一层油。如此重复至所有凉皮做好。大约六到八张

⑳ 然后将面筋用水煮熟。大约煮10分钟（也可以蒸面筋，不过煮的会比较快一点）

㉑ 将花生米加少许油炒熟，炒香

㉒ 取 50 克压碎

㉓ 凉皮切好后，放入容器中

㉔ 再把面筋也切好

㉕ 容器中倒入胡萝卜丝，花生碎

㉖ 再倒入面筋条

㉗ 将调料（除油辣子外）都放在碗中混合均匀

㉘ 调料倒入凉皮中搅拌，再倒入油辣子搅拌好即可

飞雪有话说

1. 凉皮要想筋道，水的比例是关键。所以经过沉淀后，将多出的水去掉，这样做出来的凉皮才有嚼劲。

2. 凉皮用中筋面粉，高筋面粉都可以。但高筋面粉更容易，也更好吃。

3. 蒸凉皮的盘子，最好都涂油，比较容易撕。

4. 蒸的时候，要保证蒸熟了。不熟，味道就不一样了。

5. 最后调味的时候，根据个人喜好。但醋和辣子是不能少的。

PART 4

冷冻甜品

芒果酸奶冰砂

芒果和酸奶制作的冰激凌低热量，更健康。

🍱 原料
芒果200克，酸奶200克

🔪 分量
三份

🍴 做法

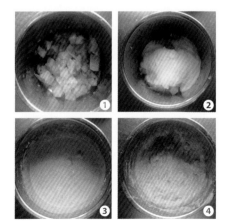

飞雪有话说

1. 如果没有打蛋器用搅拌机搅拌也可以。
2. 为什么要半小时取出来一次呢，可以让口感更好，冰碴更少。

❶ 芒果去皮去核后取 200 克切成小块
❷ 倒入酸奶
❸ 用打蛋器打均匀
❹ 放入冰箱冷冻室，每半小时取出来搅拌一次，直至冻硬了。怎么样，简单吧

红豆冰棒

夏天的时候，往往喜欢在家里制作些冰棒。一般我喜欢做的是红豆冰棒、绿豆冰棒、西瓜冰棒，还有玉米冰棒。奶油冰棒我也非常喜欢。

📋 **原料**
牛奶100克，淡奶油50克，白糖15克，蜜红豆少许，玉米淀粉3克

🔪 **分量**
四根

🍲 **做法**

如果是奶油冰棒，在第一步后，直接倒入冰棒模中冻硬即可。但糖量要稍增加些。

飞雪有话说

1. 这个方法适合所有冰棒模具。
2. 玉米淀粉是白色的，不是黄色的哦。
3. 因为放了蜜豆，所以蜜豆冰棒里的糖量要少一点，奶油冰棒里的糖量要多一点。

❶ 将牛奶和淡奶油，白糖煮开，加入玉米淀粉关火，搅拌均匀（因为玉米淀粉分量比较少，特别容易熟，所以倒入后搅拌两下就可以关火了）
❷ 然后倒入冰棒模具中，七成满，再倒入蜜红豆
❸ 搅拌均匀
❹ 装上冰棒棍，然后放冰箱冻硬即可

蛋卷筒

一吃上瘾的小吃甜点

介绍一款甜筒的做法。

甜筒的配方，一般用蛋白制作而成。

比例是蛋白、低筋面粉、黄油、白糖按1：1：1：1制作而成。

我一般白糖会减为0.6制作，不喜欢太甜的。

今天用的这个甜筒，因为蛋黄多出了三个蛋白。

原料

三个鸡蛋的蛋白，低筋面粉100克，白糖60克，黄油100克

也可以

原料

三个鸡蛋的蛋白，低筋面粉180克，黄油110克，白糖70克，盐1克

分量

七到八个

做法

飞雪有话说

1. 蛋卷糊一定要预热模具后才能倒入模具里，这样比较容易成型。

2. 放的糊量多少可以先做一两次，有经验了就会每次都倒得差不多。

3. 做好的蛋卷放凉用保鲜袋扎好，要吃时再装入冰激凌就可以了，这样能保持酥脆口感。

❶ 蛋白加白糖和盐搅拌均匀

❷ 黄油融化后冷却

❸ 低筋面粉过筛子一下，这样会更细腻

❹ 将低筋面粉倒入蛋白中

❺ 再倒入放凉后的黄油搅拌均匀

❻ 然后先将蛋卷模预热，将面糊放入模具中，用小火制作蛋筒

❼ 一定记得，一面是焦黄色，一面是白色（不用担心不会脆，这样的颜色出来的蛋筒肯定是脆的。就是一面不用加热，一面加热）

❽ 然后手上戴手套卷成桶状

❾ 制作好的蛋卷放凉备用

❿ 蛋卷卷的时候，注意底部不要有洞，不然冰激凌会漏

⓫ 吃的时候，放上少许冰激凌就可以吃了

芒果雪糕

天气越来越热，
所以冷饮是大家的最爱。
自己在家做好吃的冷饮啰。

📇 原料
芒果200克，牛奶200克，淡奶油200克，白糖50克

📎 分量
四个

🍲 做法

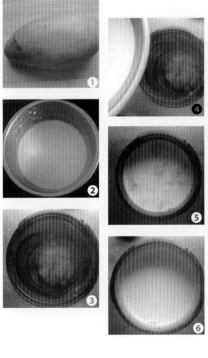

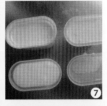

❶ 准备一个芒果
❷ 牛奶加白糖在锅中煮至白糖溶化，并放凉
❸ 将芒果去皮去核后切成小粒，放入料理杯中
❹ 加入淡奶油
❺ 以及放凉的牛奶
❻ 用料理机搅拌成糊状
❼ 然后装入冰棒模具中
❽ 大约八成满并盖上盖，放冰箱冻硬即可

飞雪有话说

1. 做冰棒的水果有很多，芒果属于比较好吃的一种
2. 冰棒棍子上最好有几个小孔，这样拔出冰棒的时候就会好拔很多。

天热的时候，来上一份自己家制作的冰激凌，料足好吃。

牛油果冰激凌

原料
牛油果一个，牛奶100克，两个鸡蛋的蛋黄，淡奶油200克，细砂糖40克，柠檬汁少许

分量
五杯

做法

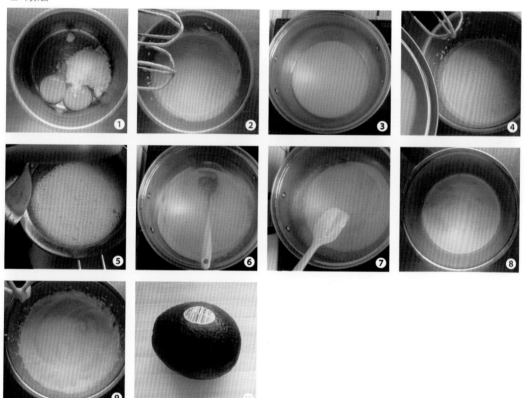

❶ 蛋黄倒入容器中，加入细砂糖
❷ 用电动打蛋器打发至白
❸ 牛奶放小锅里煮至微开
❹ 慢慢地倒入蛋黄中，注意一定速度要慢，不要将蛋黄烫熟了
❺ 然后用筛子过滤一下
❻ 再重新放入小锅里用小火煮
❼ 煮至刮刀表面会很厚，用手划一下，看到纹路
❽ 然后将淡奶油取出，倒入一个无油无水的容器中
❾ 用电动打蛋器打至有纹路
❿ 取一个牛油果

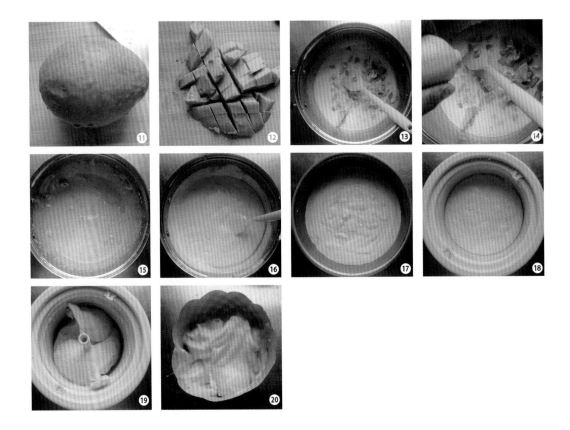

⑪ 牛油果去皮

⑫ 切成块状

⑬ 然后倒入放凉的牛奶蛋黄液中

⑭ 挤少许的柠檬汁

⑮ 其后搅拌均匀，牛油果特别容易烂，搅拌搅拌就碎了

⑯ 再分次加入打发好的淡奶油中搅拌均匀

⑰ 倒入容器中，放冰箱冷藏 30 分钟

⑱ 再放入冰激凌机中

⑲ 搅拌 20 ～ 30 分钟

⑳ 搅拌好后，装入小纸杯中，冷冻。要吃时取一份哦

飞雪有话说

1. 如果不加牛油果，就是原味冰激凌。

2. 加适量的水果冰激凌味道更好。

3. 为什么搅拌好的冰激凌糊要放冰箱冷藏一会儿呢，这样用冰激凌机搅拌的时候，更容易变稠。（有的冰激凌效果比较好，可以省略这一步骤）

4. 如果没有冰激凌机，可以将冰激凌糊装入平烤盘中，30 分钟用小勺刮一次让其膨松，直至变硬。

PART 5

水果甜品

拔丝苹果

这个是没事做着玩的。

我觉得拉丝的挺好玩，

其实做拔丝也很简单，

只要糖煮到时候了，把苹果倒进去，

就很容易拉丝了。

📖 原料

苹果200克，玉米淀粉50克，水30克

📋 调料

油5克，水10克，白糖50克

🔪 分量

十块

🍴 做法

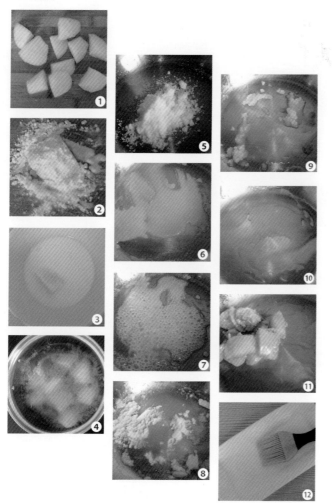

① 苹果切成差不多大小的块
② 然后把苹果上面蘸上淀粉
③ 再把苹果放入玉米淀粉 30 克和水 30 克的混合液中
④ 下油锅炸。炸好后取出来。
⑤ 下面就注意熬糖了。调料中的油，糖和水倒入平底锅中
⑥ 慢慢地会化成液体
⑦ 表面起泡
⑧ 过会儿又会干掉
⑨ 然后开始变颜色
⑩ 变成浅黄色的液体
⑪ 将苹果块倒入，这时就可以关火了。进行翻拌。因为锅有余温。如果不及时关火，糖浆容易发苦
⑫ 盘子上抹油，将做好的苹果块倒入即可。吃的时候，蘸些凉开水

飞雪有话说

1. 苹果块我蘸的是玉米淀粉，不太容易上色，也有裹面粉的。

2. 糖浆做的时候一定不要大火，特别对于新手，还是观察状态最为重要。

3. 做好的拔丝苹果上桌时配一小碗凉开水，食用。

草莓果冻

你有没有发现，凡是市面上的果冻，果肉越多的且越大的就越值钱。

的确，看到那多多的果肉，不光是小朋友，大朋友们也想吃上一口啊。

今天自己在家做的这个果冻。

小朋友连吃两杯，真是爽到家了！

当然自己做，不会放很多的糖，新鲜的果肉为主。

📇 原料

橙汁100克，鱼胶片3.5克，切片草莓少许

📝 分量

一杯

🍲 做法

① 鱼胶片先放冷开水中泡软
② 冲一杯橙汁，我这个不是很甜
③ 然后将泡软的鱼胶片放入
④ 因为橙汁是热的，所以鱼胶片很容易
　　就会化掉了
⑤ 下面找一个漂亮的杯子，倒入橙汁
⑥ 再装上切片草莓，放冰箱冷藏至硬。看，
　　是不是超级简单呢

飞雪有话说

1. 鱼胶片一定要泡软再用。

2. 橙汁热的时候放入鱼胶片容易溶化。橙汁太冷就不行了。

草莓奶昔

草莓和酸奶混合在一起，颜色也变得十分漂亮起来。

🍱 **原料**
草莓8个，酸奶200克

🔪 **分量**
一杯

🍲 **做法**

❶ 草莓洗净后切成小块
❷ 酸奶用牙签在酸奶杯周围走一圈，将酸奶倒入搅拌机中
❸ 按搅拌机 30 秒钟即可做出草莓酸奶昔

飞 雪 有 话 说

1. 草莓洗净后，用盐水泡一下，会更好地杀菌。
2. 因为草莓特别容易打碎，所以切得大一点也没关系。
3. 小朋友操作的时候，一定要记得，电源很重要。搅拌的前一刻插入电源，搅拌好后，要立刻关掉电源。

番茄冰砂

夏天天气非常热，所以需要几款从冰箱取出来的冰品降降火气。今天的这款冰品，番茄冰砂相当简单，来试试吧。

🍱 **原料**
凉开水100克，番茄果酱少许

🥄 **分量**
一杯

🍮 **做法**

❶ 凉开水倒入容器中
❷ 加入适量番茄果酱，可以尝一下甜度
❸ 放冰箱冷冻室，半小时取出搅拌一次。成冰砂状即可食用

飞雪有话说

1. 如果没有番茄果酱，可以直接用番茄加入白糖和少许凉白开用搅拌机搅拌。放冰箱冷冻。

2. 放冰箱冷冻的时候，注意别冻太硬了。经常看看，取出来搅拌搅拌，再冻上。两三次即成。

黑布林果酱

一吃上瘾的小吃甜点

📁 **原料**

黑布林（李子）600克

📦 **调料**

白糖200克，冰糖50克

📄 **分量**

一瓶

🍲 **做法**

❶ 黑布林要选择深的，颜色越深，做出来的果酱越红

❷ 切成小块（熟透的黑布林颜色是深红色，如果不太熟的黑布林，切开里面的颜色是白的），加上糖，搅拌均匀

❸ 放一晚上

❹ 一晚上过后，将黑布林倒入锅中（记得锅一定要是不锈钢的，或是不粘的锅。不要用铁的。铁的会变色）

❺ 加入冰糖

❻ 慢慢地用小火煮至浓稠。大约是103℃，就可以了。因为本身水果中含有酸甜的口感，所以我没有加其他添加物

飞雪有话说

1. 果酱的制作根据水果本身的特征决定。如果你所选用的水果果肉丰富，那么炒的过程就会大大减少，果味更强。如果你选择的水果汁水比较多。（比如梨、葡萄，制作的时候，需要更多的时间和耐心）

2. 我制作的果酱品种已经很多，在这些品种中，我最喜欢的是苹果、西红柿、草莓，还有就是这个黑布林。（这几种果酱做出来时间比较短，味道也很好。）

3. 其实果酱的制作非常简单，只是将你喜欢的水果切成小块，加入白糖让其果胶渗出。小锅慢煮，就可以了。

4. 这个果酱，我为了更省事和简单，所以，没有加麦芽糖和柠檬。

5. 只是糖和水果，所以，制作好后，请要尽快吃完。

6. 果酱的吃法很多，最常见的就是抹面包，或馒头。你也可以少许果酱，淋上白开水，就是一杯天然的果汁，味道很棒哦。比市面上那些果汁强多了。

7. 不是所有的水果都只是加糖就能做出果酱，要根据果酱的果肉的浓稠度来决定。

8. 关于糖量，还是要根据你的水果的甜度来，一般糖是水果的二分之一的量，如果你想保存的时间越长，糖量就越多。如果短时间吃完，还是制作的时候尝尝口感放糖更好。

芒果糯米糍

我一直很喜欢糯糯的食物。不管是青团，还是糯米饼，或是糯米糍。特别是糯米糍里面放了多多的果肉，味道非常好。

飞雪有话说

1. 将糯米粉浆平摊在盘子里，蒸好后，比较好包。
2. 椰蓉主要起防粘的作用。
3. 芒果粒根据芒果的大小切成相应大小。
4. 包好的糯米糍暂时不吃，每个用一个保鲜膜包好，放冰箱冷藏室会不硬。

📖 **原料**

糯米粉100克，水100克，白糖5克，椰蓉少许

📄 **馅料**

芒果适量

📄 **分量**

六个

🍲 **做法**

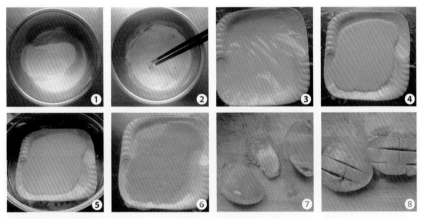

❶ 糯米粉倒入容器中
❷ 加入水和白糖搅拌均匀
❸ 在保鲜膜上抹油，放在盘子里（保鲜膜选择耐高温的那种）
❹ 再倒入糯米粉浆
❺ 放入蒸笼
❻ 冷水上锅蒸20分钟左右
❼ 蒸的过程中，准备芒果，将核取出
❽ 然后将果肉切十字花刀

❾ 取出果肉
❿ 将椰蓉平铺在案板上
⓫ 蒸好的糯米面团倒在椰蓉上
⓬ 分成六份
⓭ 取一份包入果肉
⓮ 收口
⓯ 然后将收口处向下
⓰ 即可食用

水果西米露

西米露 QQ 的，加上水果，
女儿也十分喜欢吃。
一次不要煮太多，
够吃的分量就好。

📦 原料
西米50克，水果适量，淡奶、白糖各少许

📄 分量
两杯

🍲 做法

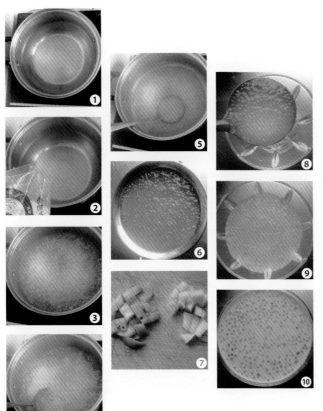

❶ 锅中水煮开
❷ 倒入西米
❸ 倒入后西米就开始四处飞散
❹ 然后用勺子不停地搅拌，防止粘锅底
❺ 改中小火煮至西米变透明色
❻ 捞出过凉水
❼ 水果切小丁
❽ 将西米倒入容器中
❾ 放入白糖
❿ 和适量的淡奶，搅拌均匀，上面放入
　 水果粒即可

飞雪有话说

1. 这道甜品的口感不亚于
　 杨枝甘露。
2. 水果的选择根据当季决
　 定。

糖渍橙皮

糖渍橙皮是放在西点中增加特殊风味的。
只放一点点，
就可以让点心有不同的香味。

📋 原料
　橙子2个
　白糖40克+40克

🔪 分量
　一百四十克

🍲 做法

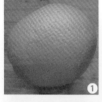

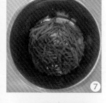

① 准备橙子
② 将皮留下
③ 将橙子皮加水煮软，约5分钟。再泡5分钟
④ 然后将橙子皮内白色去掉
⑤ 切成细丝
⑥ 加入40克糖和水
⑦ 小火煮至水分收干
⑧ 再倒入另40克糖腌一晚上即可

飞 雪 有 话 说

1. 做好的橙皮丝有增香的功效。
2. 一般可以用来抹在吐司上，或做吐司的原料，也可以抹在馒头上吃。

雪媚娘

雪媚娘吃起来里面有水果，有奶油，而且放冰箱冷藏一会儿吃，口感更好，难怪很多人喜欢吃呢。

飞雪有话说

1. 雪媚娘的皮越薄，吃的口感就越好。

2. 奶油的打发，需要的饼皮制作好后，如果奶油打好，长时间不用，也会容易变得粗糙。

🍚 **原料**

糯米粉80克，玉米淀粉25克，牛奶140克，糖20克，黄油10克，熟糯米粉30克

🍱 **里面馅料**

鲜奶油100克，糖粉7克，芒果适量

📏 **分量**

八个

🍲 **做法**

① 将糯米粉，玉米淀粉，糖倒入小碗中

② 再加入牛奶

③ 搅拌均匀

④ 在小碗上盖好保鲜膜，防止蒸的时候水分滴下来

⑤ 将小碗放入蒸锅蒸25分钟左右

⑥ 蒸好后取出来，加入黄油

⑦ 揉光滑。面团揉得越光滑，包的时候就越不容易破皮哦

⑧ 芒果去皮后切成小粒

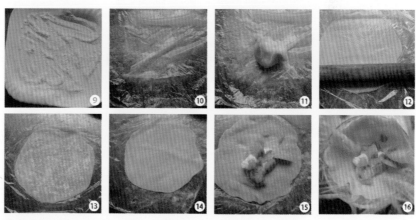

⑨ 糯米粉平铺在盘子上用微波炉转熟，或者放烤箱中烤熟备用。或者直接就买熟的

⑩ 取一个10厘米左右保鲜膜，上面均匀地撒上熟糯米粉

⑪ 将面团分成8份，取1份放在保鲜膜上

⑫ 再盖上另一张保鲜膜，用擀面棍擀薄

⑬ 将保鲜膜一面撕下来，均匀地撒熟糯米粉

⑭ 再盖好保鲜膜，翻到另一面，将另一面的保鲜膜撕下来

⑮ 加入打发好的鲜奶油和芒果粒

⑯ 再拎起保鲜膜，放在小碗中，然后转动保鲜膜，将雪媚娘包好。再打开保鲜膜，表面均匀地再撒一层熟糯米粉，放在纸托里就可以吃了

糖水黄桃

黄桃最近的量比较多，
用来做糖水黄桃，
味道很香很甜很好吃。
如果放冰箱里冷藏一下，味道会更好。

原料
桃两个约500克，冰糖45克

分量
两碗

做法

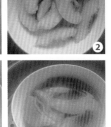

飞雪有话说

1.根据黄桃的成熟度不同，
这里蒸的时间，也有所
不同。
2.完全熟的黄桃要尽快吃
完，如果吃不完，用来
做糖水黄桃，还可以再
延长保存二三天时间。

❶ 将黄桃清洗干净
❷ 去皮去核后，切片，放入碗中
❸ 加入冰糖
❹ 中火上锅蒸约20分钟即可

PART 6

滋补酱膏

阿胶膏

自古阿胶就有补血的作用。所以每年冬天的时候，很多人会准备阿胶来补充气血。当然最流行的做法，还是用来做阿胶糕。

阿胶可以用来补气血，核桃仁常吃健脑，黑芝麻可以乌发，中医认为冰糖具有润肺、止咳、清痰和去火的作用。红枣是滋补品，还补气补血。所以说，用来配阿胶一起搭配，非常的好哦。

当然并不是此方适合所有人群，冬天手脚冰冷的可以尝试。我每年都会做来食用，已经有几年了。如果手脚不冷，冬天不怕冷，吃了流鼻血，就不适合吃了。

📋 原料

阿胶250克，核桃250克，红枣200克，芝麻180克，枸杞50克，黄酒250克，冰糖50克

✏ 分量　一千克左右　五十块左右

🍲 做法

❶ 阿胶装入塑料袋中，用硬物敲打成块（我用的是肉锤）

❷ 然后放入搅拌机中，搅拌成粉末

❸ 倒入黄酒

❹ 再加入冰糖搅拌均匀（冰糖用冰糖粉或冰糖块均可，因为还要蒸的）

❺ 芝麻清洗后炒一下，会比较香（当然不炒也行。不炒就要晒干再用）

❻ 核桃烤一下，不烤也行

❼ 将阿胶黄酒放入蒸笼中，蒸锅中一定要多放些水（这样不至于水蒸干了）

❽ 大约蒸到阿胶黄酒全部化开后，

倒入核桃，核桃不用切

❾ 再倒入黑芝麻

❿ 放入枸杞

⓫ 最后倒入大枣，大枣对半切即可

⓬ 大约蒸 50 分钟即可

⓭ 蒸的时候蒸笼上盖上笼布，不容易滴水

⓮ 准备一个容器，上面放上保鲜膜，保鲜膜最好用耐热的

⓯ 倒入蒸好的稍放凉的阿胶成品，并压实

⓰ 大约放冷藏室几个小时，冷藏至硬倒出

⓱ 然后切片食用

飞雪有话说

1. 这里的材料根据自己的体质可以不停地变换。

2. 多多的核桃放入，做好后会有满眼的核桃再加上红枣，吃起来会更好吃。

固 元 膏

这个是阿胶膏的早期版本，
全部做成粉末，
吃起来更容易消化吸收。

📋 原料
阿胶125克，核桃100克，芝麻100克，枸杞100克，红糖50克，黄酒200克

📄 分量
一瓶

🍲 做法

❶ 芝麻用搅拌机打成粉末
❷ 阿胶用搅拌机打成粉末
❸ 核桃打成粉末
❹ 枸杞加入少许黄酒搅拌成枸杞糊
❺ 然后把所有材料混合在一起
❻ 最后用黄酒搅拌好
❼ 加入红糖
❽ 再搅拌好
❾ 锅中放水，水烧开后，放入有固元膏
　 的容器
❿ 上面盖保鲜膜，蒸1个半小时即可

飞雪有话说

1. 只要蒸好，不受潮，可
以吃二三个月也没问题。
2. 可以一次做二三瓶，这
样吃的时候就会很方便
了。
3. 平时吃米糊的时候，也
可以放一勺拌入，连米
糊都会很好吃。

红茶牛奶抹酱

淡奶油吃不完的时候，

可以用来做抹酱，

这样就可以放很长一段时间了。

用来抹面包味道很棒。

📇原料

红茶粉4克，水100克，牛奶200克，淡奶油200克，白糖50克

📎分量

两百克左右

🍲做法

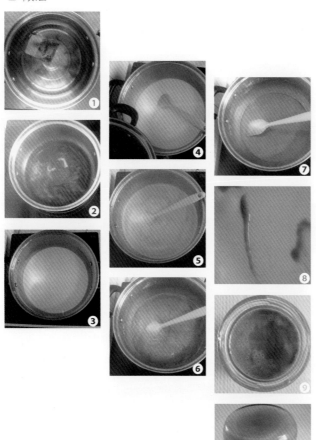

❶ 红茶粉加入水 100 克

❷ 用小火煮开关火备用

❸ 小锅中放入淡奶油、牛奶，以及白糖

❹ 再加入红茶水

❺ 用小火煮开

❻ 煮至颜色变深

❼ 要不停地用刮刀搅拌，防止底部变煳

❽ 当出现图中，左边这样就煮好了。如果是右边这样还比较稀，还要再煮会儿

❾ 煮好后的牛奶抹酱及时倒入消毒处理过的瓶子中

❿ 盖盖倒扣，过 30 分钟再倒过来将盖子朝上即可

飞雪有话说

1. 如果最近不吃，要密封保存。

2. 如果开瓶后，要放冷藏室尽快吃完。

103

抹 茶 牛 奶 抹 酱

一吃上瘾的小吃甜点

喜欢抹茶味的朋友不要错过了，
不管什么时候吃都会感受到一股春天的味道。

📦 原料
牛奶50克+150克，淡奶油200克，白糖50克，抹茶10克

🔪 分量
约二百三十克

🍲 做法

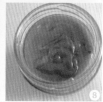

❶ 牛奶 150 克，以及淡奶油，以及白糖倒入小锅中
❷ 放电磁炉上备用
❸ 抹茶放入有 50 克牛奶的小碗中
❹ 搅拌均匀
❺ 将抹茶牛奶液倒入电磁炉上的小锅内
❻ 然后用电磁炉煮开
❼ 再转小火，煮至浓稠
❽ 装入瓶子中即可

飞雪有话说

1. 做好的抹酱可以用来抹面包，抹饼干吃。
2. 如果暂时不吃要放冰箱冷藏室，最好在一个月内吃完。

秋梨膏

大家都知道梨有止咳功效。冰糖有止咳润肺功效。二者搭配，适合秋冬天季节服用。
但糖尿病患者不能喝哦。

📋 **原料**
梨1500克，红枣50克，冰糖150克，蜂蜜150克，生姜60克

🥄 **分量**
五百克

🍲 **做法**

❶ 梨清洗干净
❷ 生姜清洗干净
❸ 枣去核切片
❹ 准备冰糖

❺ 梨切大块，加红枣，生姜，并加适量的水倒入机器中搅拌
❻ 然后放入锅中
❼ 中火煮约20分钟
❽ 放凉后，用纱布去掉渣子

❾ 将梨汁倒回小锅中，加入冰糖
❿ 然后开始煮，如果有浮沫请去除
⓫ 中火一直煮至梨汁收缩温度到103℃左右。梨汁黏稠
⓬ 放凉后淋入蜂蜜搅拌均匀即可。平时加水冲服的时候，有和胃润肺功效。如果咳嗽加入川贝一起煮，食用时加水冲服对于咳嗽有辅助治疗作用。如果二三天内不好，还是要去医院的哦

🌨 **飞雪有话说**

1.这秋梨膏平时不咳嗽的时候，也有辅助预防的作用。
2.要喝的时候加少许的水调匀，就是一道上好的茶水。

生姜膏

生姜膏一次做两瓶，可以吃很久。放上一勺加水冲泡一杯，喝下去暖暖的。
生姜膏适合早上喝，不适合晚上喝。阴虚体质的也不太适合。如果不喜欢皮的
可以将皮去掉，生姜膏对咳嗽也有辅助治疗作用。

📑 原料
生姜1000克，红糖300克

🔪 分量
五百克

🍲 做法

❶ 生姜清洗净
❷ 切片加适量水放入机器中搅拌（也可以去皮搅拌哦）
❸ 将搅拌好的生姜倒入小锅中
❹ 中小火煮约30分钟
❺ 煮好后将锅冷却
❻ 将生姜倒入纱布中
❼ 挤净水分，也可以用机器榨干
❽ 然后将生姜水倒入小锅中，加入红糖
❾ 中火煮至浓稠即可。要喝时，加水冲一杯很方便

飞雪有话说

1. 煮的时候，煮至浓稠，可以保存一冬天。
2. 生姜如果放得多，姜味就特别重，看个人喜好哦。

109

花生酱

看上去花生酱的操作也非常简单。我们在制作的时候，为了达到自己想要的效果，首先你要选择一瓶你喜欢的花生酱口味。我是去超市买了一瓶后，发现这个味道不错。所以回来自己制作的。以后想吃花生酱就很简单了。

超市的花生酱一般保质期是18个月，时间相当长。所以我们拿到手后，已经有了一段时间。自己制作就没有这个烦恼。想吃的时候做一点，非常简单方便新鲜。

那么，什么样的花生爱出油？什么样的花生用搅拌机一两分钟就能成泥呢？

看看右图中的这两种花
生。左边的是红色的，比较小，但因为不是新花生，在制作花生酱的时候，就有两个问题。一是因为小，所以皮比较难去除。二是因为不是新花生所以不太爱出油。右边这个花生呢，就没有了以上两个问题。制作起来相当省事。如果你手边只有红皮花生也可以，搅拌的时候要加些油哦。

右边这款花生搅拌一两分钟后，能自动成泥的。因为这个花生颗粒饱满。在用小火炒的过程中，就已经在出油了。所以放入研磨杯里后，很快就出油自动成泥了。这个其实就是花生酱了。我为什么还要继续再操作呢？那是因为这个花生酱没有味道，既不甜也不咸。二来缺少点滋润感。为了让我们的口感更好，所以还要在这个基础上再操作一下。

那么，经过我们的制作花
生酱的外观是什么样的呢？看右图。我看了一下，花生酱的配料表，里面有氢化植物油。能让花生酱不光保持很长的时间有滋润感，而且有凝固性。这个有害健康，我们自己家里也没有。所以，我用了黄油来代替。少量的黄油虽然不多，但是，不光起到了凝固的效果，也让口感更润了。看看，是有很大的差别吧。喜欢颗粒花生酱的，可以在搅拌完成后，加入少许碎花生粒。味道也相当好。

自己家做的花生酱，不会放太久时间，所以比起18个月的保质期那种，要新鲜许多哦。

📑 原料

花生150克，黄油28克，色拉油14克，盐3克，白糖7克

（花生油代替色拉油，炼乳或蜂蜜代替白糖会更好。我这里介绍的是让大部分人用手边的材料能做出来。）

📝 分量

一百八十克左右

🍲 做法

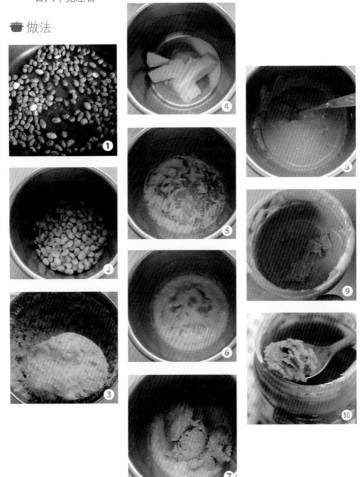

❶ 花生用小火慢慢炒熟炒香

❷ 然后将花生去皮备用

❸ 放入搅拌机研磨杯中搅拌成泥（如果花生本身油量不够，可以加少许的油方便搅拌）

❹ 黄油加入盐和白糖放入容器中

❺ 室温下放软后，用打蛋器打发

❻ 再加入色拉油用打蛋器搅拌均匀

❼ 倒入搅拌好的花生泥

❽ 用打蛋器搅拌均匀即可

❾ 搅拌好的花生酱，放入瓶子中，看上去还是比较稀的。

❿ 放冰箱冷藏室冷藏后，就会凝固了

✈ 飞雪有话说

1. 自己制作的花生酱非常新鲜，建议要吃多少就做多少。不要一次做太多。

2. 如果喜欢芝麻的香味，可以加少许的芝麻就是芝麻花生酱了。

PART 7

汤水养人

白玉红豆汤

一吃上瘾的小吃甜点

我们日常生活中，很多点心离不开红豆。

比如红豆面包，红豆包子，红豆汤圆。

女人和红豆是好朋友。

多吃红豆可以补血，可以养心。

而且丰富的铁质可以让女性朋友脸色红润，更健康。

所以，今天就来一份白玉红豆汤。

📋 原料

红豆100克，糯米面100克，开水70克，冰糖少许

📄 分量

四碗

🍲 做法

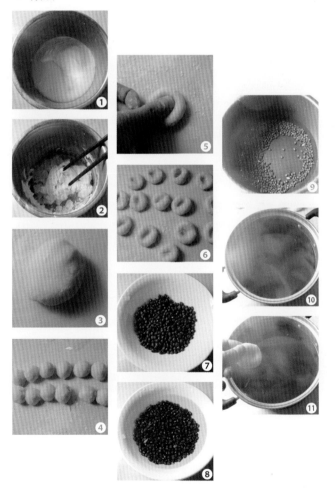

❶ 糯米粉加入开水

❷ 用筷子搅拌 (因为水比较烫，所以先用筷子搅拌)

❸ 再用手揉成糯米面团

❹ 然后将面团分成14份，搓成球形

❺ 然后用手在中间按平

❻ 全部按好后，盖上保鲜膜备用 (这样做的目的是为了防止面团风干)

❼ 提前一天，将红豆准备好

❽ 清洗干净后，泡水八个小时

❾ 然后倒入高压锅里，加冰糖和适量的水煮10分钟

❿ 煮好的红豆汤，倒入小汤锅中

⓫ 将白玉圆子放入，煮开煮熟即可

飞雪有话说

1. 糯米加开水后会比较烫手，所以先用筷子搅拌。

2. 如果操作的时候发现有些粘手，可以手上抹些糯米粉。

3. 红豆汤用高压锅制作非常快。如果你用的是普通锅，时间要稍长一点。

黑芝麻糊

用最省事的方法做一碗乌发佳品：黑芝麻糊

今天，用豆浆机来做这碗黑芝麻糊

我只想说，真是既省事，又营养啊。

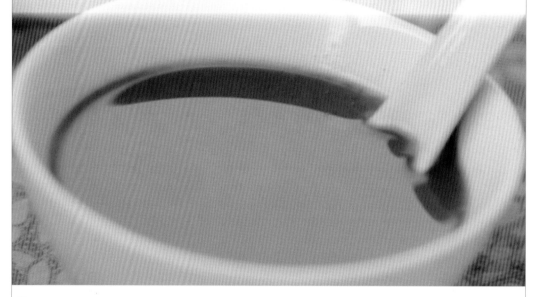

📋 **原料**

黑芝麻30克，糯米30克

🍱 **调料**

冰糖适量

⚖️ **分量**

三碗

🍴 **做法**

 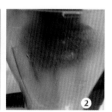

❶ 准备材料，洗净备用

❷ 放入豆浆机中 (注意根据豆浆机的比例加入适量的水)

❸ 20分钟后美味即成

飞雪有话说

1. 黑芝麻可以炒香，也可以不炒。

2. 材料都不要之前浸泡，因为泡好的米容易粘机器。特别是绿豆，容易糊，如果做绿豆浆，最好也不要提前浸泡绿豆。

姜枣汤

以前家里没有取暖设施，洗澡的时候，总是去外面洗。那时候，如果你有钱，可以在洗完澡后，大叫一声：姜枣汤。于是，就会有人及时地递上一碗，于是，你喝下，从嘴里，到心里，无时不在提醒你，这小日子真不赖啊。现在，这碗有着你甜蜜回忆的姜枣汤，只要你愿意随时都可以喝到哦，看看我是怎么做的吧。

📋 原料
生姜两小块，去核红枣20颗

📖 调料
红糖少许

📊 分量
三杯

🍲 做法

❶ 生姜洗净，不用去皮，红枣去掉核
❷ 再把生姜切成片
❸ 放入豆浆机中，加入适量的水，20分钟后，姜枣汁就成了

飞雪有话说

1. 如果喜欢辣的生姜多放些，如果喜欢甜的，红枣多放些。
2. 红糖暖胃，别忘记放哦。
3. 咱们古人说的话还是有些道理的，生姜和红枣以及红糖真是好东西，有时间，你也来碗吧，特别是冬天！

银耳圆子汤

最近早上吃饭的时候，经常会喝银耳汤。因为家人都非常喜欢。

而对于我来说，煮起来实在是太方便了。

我是这样操作。先把银耳清洗好后，放适量的水，

装入电高压锅中，按煮豆键，

第二天起来就有银耳汤喝了。

注意如果您六点要喝，那预约到四点开始煮。

原料
银耳5克，水500克，冰糖20克，糯米粉50克，开水28克，枸杞30颗

分量
三碗

做法

❶ 银耳取 5 克
❷ 清洗干净后加入 500 克水和冰糖
❸ 浸泡一小时后（自然会涨大，涨大后的
银耳用来煮汤才会好喝。千万不要不泡
就煮，那样汤不会黏稠），用电高压锅
煮豆键煮成银耳汤。然后再放入枸杞
（如果您没有电高压锅，可以多放些水
用灶具来煮，煮的时候要看着，防止溢
锅或是水没有了）
❹ 另外准备糯米粉倒入容器中
❺ 加入适量开水（水量以揉成团为宜）
❻ 揉成糯米团
❼ 然后将糯米团搓揉 2 分钟，变成一个
光滑的面团
❽ 分成 30 个小剂子
❾ 再将每个小剂子搓圆
❿ 倒入煮开的银耳汤中
⓫ 煮至汤圆浮起即可

飞雪有话说

1. 枸杞容易变色，要最后
起锅的时候放。

2. 汤圆搓得比较小，浮起
就是熟了。如果是大汤
圆浮起后，还要过一分
钟才容易熟。那怎么样
知道熟了呢，一般汤圆
目测下锅后浮起比放入
前大一圈就是熟了。

蜜豆红枣汤

冬天最好为自己和家人多做一些汤水。

这个红豆，相信女人们都会喜欢的。我曾一度用它来做红豆沙，做包子。

今天用它来做一锅汤，非常简单。我用的是紫砂锅。

不用人看着，把原料放上去，过三个小时就会很浓稠了。

📋 原料

红豆三把，蜜枣三五个，
炼乳少许

📏 分量

两杯

🍲 做法

❶

❷

❸

❶ 红豆备用
❷ 放入锅里，再加入适量蜜枣
❸ 放入适量的水，煮三个小时，我用的是节能键，
　　煮了三个小时，家里都变得香香的了

飞雪有话说

1. 其实我煮这个是为了消耗家
里的炼乳，放少许的炼乳会
让这汤水变得很好喝哦。

2. 当然你最好用小红枣，那个
更有营养，我用了家里的蜜
枣了。

3. 另外在洗这个红豆的时候，
如果有一些小豆子漂在上面
的，就是不好的，最好把它
们拣去哦。

PART 8

香浓糖果

果仁巧克力

巧克力大家都爱吃，
今天换个花样，
让巧克力与众不同，
可以用来做情人节的礼物哦。

原料
巧克力150克，葡萄干30克，蔓越莓干20克，杏仁粒30克，糖适量，果仁干
适量

分量
十个

做法

1 巧克力倒入容器中（能切小块尽量切成小块）
2 加入切碎的葡萄干
3 再倒入切碎的蔓越莓干
4 然后放入杏仁粒（杏仁粒要选择熟的）
5 隔温水加热至巧克力融化（水温不要超过50℃，如果温度过高，巧克力容易油水分离）
6 将融化好的巧克力放入心形模具中，表面装饰糖，果仁干适量即可

飞雪有话说

1. 果仁干的量根据自己喜欢添加。
2. 模具可以选择更多形状，巧克力放室温下凝固后就可以取出倒扣脱模了。

黑芝麻糖

一吃上瘾的小吃甜点

一到过年，市面上卖黑芝麻糖的就多了起来，

我蛮喜欢吃的。

一吃满口香。

特别是黑芝麻营养更高。

原料
黑芝麻270克，白糖40克，水20克，麦芽糖80克

分量
三百五十克左右

模具
三能牌250克吐司盒

做法

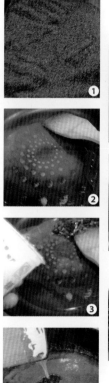

❶ 黑芝麻烤熟，烤箱100℃预热，把黑芝麻平铺在烤盘上放入，备用

❷ 白糖加水小火煮

❸ 然后再倒入麦芽糖

❹ 煮至锅铲滴落成大片状，关火（只有像这样，黑芝麻倒入后才容易凝固）

❺ 然后倒入黑芝麻，搅拌均匀（黑芝麻为什么要提前放在烤箱中预热呢，因为黑芝麻要在糖浆中凝固，如果温度过于低，黑芝麻一倒入糖浆后，会还没搅拌好，糖浆就因为受到低温提前凝固了，所以把黑芝麻提前预热，让糖浆不至于过早凝固，容易操作）

❻ 250克吐司盒中抹油（这样做的目的是为了能够好脱模）

❼ 倒入黑芝麻糖

❽ 然后上面用抹过油的保鲜膜压平压实

❾ 放凉后脱模（可以在冰箱冷藏室放凉）

❿ 切成片状即可

飞雪有话说

1. 这里黑芝麻我用的量比较多，如果是新手黑芝麻可以减少到200克更容易操作。

2. 做好的糖切成薄片既好吃，又好保存。

香酥腰果

一吃上瘾的小吃甜点

腰果经过简单的处理，

吃起来香酥可口，

大人小孩都喜欢。

📇 原料

　　腰果150克，盐1.5克，白糖8克，水90克，玉米淀粉30克，糖粉、油少许

📑 分量

　　一碗

🍴 做法

❶ 腰果清洗干净，加入盐和白糖以及水

❷ 用小火煮至水干

❸ 然后沥干水分

❹ 倒入玉米淀粉中

❺ 混合均匀

❻ 再用筛子过筛去多余的粉类

❼ 然后放入油锅中开炸，火力用小火，
　特别注意，不然会容易煳

❽ 炸好后取出

　　如果喜欢甜的，可以粘满糖粉。

　　如果要保存时间长一点，可以放凉
后放保鲜袋中保存。

飞雪有话说

1.腰果煮的时候火力要小，
　不停地搅拌。

2.炸的时候也要注意火力
　要小一点，别炸煳了。

芝麻果仁

下酒零食两相宜（香上加香）
芝麻本身就很香，
让花生的外面裹上芝麻，
更是香上加香。

📖 原料
芝麻100克，花生100克，白糖30～50克，油适量

📝 分量
一碗

🍲 做法

❶ 花生加入水和白糖下入锅中，不断翻炒
❷ 炒至花生周围全部裹上糖液
❸ 倒入冷油，炒至花生熟（注意火力一定要小，因为花生刚用水炒过，所以小火慢炒，花生容易脆）
❹ 这时，准备一个筛子
❺ 将花生直接倒入筛子中，这样就可以去掉油分，只有花生了
❻ 准备好的熟芝麻备用
❼ 将花生倒入芝麻中
❽ 均匀地裹上芝麻，就大功告成了（因为花生表皮有糖，所以很容易粘芝麻）

飞雪有话说

1. 关于白糖的量，我用的是30克，不怎么甜，你要想全部裹上芝麻，糖量还要增加。
2. 刚炒好的花生不能立刻食用，这样会很烫。
3. 完全冷却后的花生可以放入保鲜袋中，随吃随取。

腰果蔓越莓牛轧糖

📄 原料

白糖50克，麦芽糖110克，水20克，盐0.5克，蛋白18克，蔓越莓25
克，腰果200克，无糖奶粉50克，黄油25克

✒ 分量

四百克

🍱 做法

❶ 腰果要提前烤熟并放烤箱里保温。(腰果
为什么要保温呢，因为保温后，接下来倒
入糖浆中不会让糖浆太快冷却，便于操作)

❷ 白糖50克、麦芽糖110克、水20克、
盐0.5克放在小锅里

❸ 将小锅放在炉子上，小火加热

❹ 同时，蛋白放入无油无水的容器中，打
发至硬性发泡

❺ 将糖浆煮到135度

❻ 倒入蛋白中

❼ 然后将蛋白和糖浆混合均匀

❽ 再倒入软化的黄油

❾ 将黄油和糖浆打发好，

❿ 倒入腰果，蔓越莓，和奶粉，（我因为
不太喜欢吃太甜的，所以腰果仁又加了50
克，所以擀压的时候就要用些劲了哦）

⓫ 混合均匀

⓬ 倒入硅油纸中，有硅油纸不容易沾

⓭ 然后擀压成型

⓮ 切片食用

飞雪有话说

1.煮糖的时候不用搅拌，全程用小火。

2.最好准备一个电子温度计，这样会省很多事。

3.煮糖的同时不要忘记将蛋白也打发好。这里我用的蛋白份量极少，是土种鸡
蛋的一个蛋白。

4.倒入硅油纸中，糖不会粘，操作会很方便。

131

大家都喜欢做糖，一般来说，有花生糖，芝麻糖，果仁糖，牛轧糖。做糖最关键的就是煮糖了。

做牛轧糖的时候，煮糖为什么要达到135℃呢？

是因为糖在煮的过程中，会慢慢蒸发水分，到135℃的时候，糖的水分含量只有4%了，所以制作好的牛轧糖，才会不粘，吃起来既不粘牙，摸起来也不粘手。如果没有达到这个温度，水分含量多，会导致糖不容易成型。所以最好要准备一个电子温度计，这样操作起来会比较方便。

如果你没有电子温度计，那就要对你的经验有要求了。糖煮到功夫，滴一滴到冷水中会成碎裂状。才是达到要求。如果滴到水里是酱状，或是球状，那还远远达不到要求，煮好的糖浆的颜色如下图。

怎么样让糖混合的时候不容易冷却？

首先要保证混合用的食物温度是稍温的。如果比较冷的一混合就立即会容易将糖的温度降低下来，那就不太容易混合了。所以一定要记得烤箱保持温度；其次是在混合的时候，下面隔一个温水盆。那样也会让糖不会那么早凝固。

PART 9

奶制甜品

奶酪土豆泥

土豆泥口感细腻，

老人小孩子都可以吃。

操作也很简单，

做成奶酪土豆泥还有股奶酪的清香。

📇 原料

土豆一个，小三角奶酪二块，胡萝卜少许

🔪 分量

一碗

🍲 做法

❶ 土豆去皮后切大块，土豆块不要切得太小，这样蒸的时候会吸收水分

❷ 上笼蒸10分钟左右，这个要根据土豆的软硬，蒸熟了为止 (如果土豆不容易熟的，要蒸20分钟)

❸ 然后用擀面棍将土豆压成泥，再过筛一下。这样会更细腻 (小心不要太烫手，可以在微温的时候操作)

❹ 过筛后的土豆泥放入容器中

❺ 放入小三角奶酪 (没有三角奶酪，可以放奶油奶酪)

❻ 奶酪根据个人口味放入。一块或三块都可以。如果觉得不够咸可以加少许的盐

❼ 然后再加入少许切细粒的胡萝卜，混合均匀

❽ 放入裱花袋中

❾ 挤出土豆泥即可

飞雪有话说

1. 如果喜欢吃果酱的，还可以淋上少许果酱。

2. 土豆泥要是觉得太干，也可以加少许的牛奶调和。

南瓜浓汤

香甜的南瓜浓汤，

整个颜色都非常漂亮。

📇 原料

南瓜250克（豆浆机杯子五杯量），大米20克，淡奶油100克，奶酪片20克，水加至900mL处，盐少许

📝 分量

三碗

🍲 做法

① 准备南瓜，奶酪和淡奶油
② 南瓜切块，米清洗干净
③ 将所有材料倒入豆浆机中
④ 加适量的水至 900mL 处
⑤ 启动豆浆机，按米糊键，时间到了，豆浆机会响
⑥ 取出即可

飞雪有话说

1. 水放的量根据各豆浆机不同会稍有不同。
2. 如果没有豆浆机，也可以用搅拌机将所有材料煮熟后打碎。

牛奶布丁

用琼脂做布丁的制作非常简单。

📋 原料
　牛奶160克，白糖10克，琼脂2.5克，水100克

🔪 分量
　二杯

🍲 做法

❶ 琼脂加冷水 100 克倒入容器中
❷ 泡软
❸ 然后用小火煮开，小火搅拌至琼脂融
　化关火备用
❹ 牛奶加糖倒入另一个容器中
❺ 放锅中煮开
❻ 将琼脂水倒入牛奶中，混合均匀
❼ 倒入杯子里凝固即可

飞雪有话说

1. 这里用的是琼脂，喜欢吉
利丁的也可以换成吉利
丁，分量会稍有不同。

2. 做好的牛奶布丁放冰箱冷
藏室一会儿会自己凝固。
如果喜欢水果，可以在
凝固的布丁表面加上各
色水果更好吃。

芝士球

一吃上瘾的小吃甜点

很多的时候我们的餐桌上都是老几样，

未免太没有新意了。

今天的这个菜，既有肉的加盟，又有奶酪的加盟，

恐怕不管是小朋友还是大朋友都抗拒不了它的诱惑吧！

原料

肉末100克，葱1克，玉米淀粉2克，鸡蛋一个，总统奶酪两小块，椰蓉少许，面包屑100克

调料

盐0.5克，油适量，番茄沙司少许

分量

十个

做法

飞雪有话说

1. 奶酪选择的是半干奶酪，炸好后，会呈液体状，相当好吃。芝士控们可不要错过了。

2. 食用的时候别忘记蘸上些番茄沙司，不是番茄酱哦。番茄沙司酸酸甜甜的味道不错。

3. 油温一定要注意，不能过高，高了容易炸糊，里面还不熟。

❶ 准备材料

❷ 肉末加入葱末，玉米淀粉，盐和少许的水，搅拌均匀（加入玉米淀粉可以有助于成型）

❸ 奶酪切成小块备用

❹ 将肉末分成12克左右的一份。包入奶酪4克左右

❺ 包好的样子

❻ 包好后，放在案板上备用

❼ 先把芝士球裹一层鸡蛋液

❽ 再放入面包屑中滚一圈

❾ 锅中放入适量的油，烧热后，先放入一个试温度

❿ 再把其他的一起放入炸至金黄色即可

奶茶

奶茶相信很多人喝过。有原味奶茶，红豆奶茶，珍珠奶茶。今天和大家分享一下在家里简单制作的奶香浓郁的奶茶。

原料

红茶粉5~20克，牛奶400克，蜂蜜少许

做法

飞雪有话说

1. 牛奶煮的时候，要注意不停地搅拌。
2. 煮好后放10分钟，茶香更浓郁。
3. 红茶一定要过滤了才能饮用，最好过滤二遍。加了茶粉奶茶会比较香，如果加红茶泡的水可不用过滤，但茶味会较淡点。
4. 这里红茶的分量我写的是5~20克，根据个人能接受的口味，放适量的红茶粉。
5. 这里介绍的只是最简单的奶茶做法。下午时分来一杯，很不错哦。

❶ 牛奶倒入小锅中
❷ 倒入红茶粉（这里红茶粉的量根据自己所能接受红茶的程度来，味淡的就少放点，味重的就多放点）
❸ 煮至微开，放10分钟后，再重新煮至微热（这样做的目的是为了让红茶更入味）
❹ 用纱布过滤出茶叶，加少许蜂蜜调味即可

PART 10

油炸美味

蛋糕甜甜圈

一吃上瘾的小吃甜点

蛋糕甜甜圈：外国版油条

这个甜甜圈在国外的中国人，却喜欢把它们叫做中国的油条。

因为它同样也是油炸，而且膨胀。

不过甜甜圈一般的样子都是圆形，中间有一个空洞。

而且外国人一般喜欢上面撒些糖粉，涂些巧克力，

粘上各色的巧克力米来吃。

那样就会花样繁多，常吃常新了。

📷原料

黄油25克，水75克，盐1克，高筋面粉50克，鸡蛋一个，油400克

📄分量

六个

🍲做法

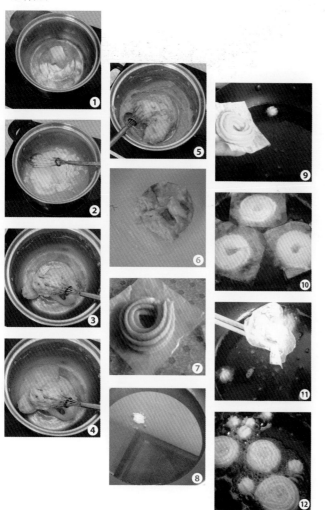

❶ 小锅中倒入黄油，水，盐，然后将小锅放在电磁炉上加热

❷ 一直加热至黄油熔化，水煮开后，倒入高筋面粉，关火

❸ 用手动搅拌器搅拌至稠状（这一步一定要搅拌好，不能稀）

❹ 分三次加入蛋液

❺ 至蛋液充分吸收

❻ 倒入装入裱花嘴的裱花袋中

❼ 在油纸上挤出形状

❽ 锅中油热后，放入一小块面团试油温（面团扔进去后，能慢慢浮起来就是油温到了）

❾ 油温达到后，将甜甜圈面糊放入油锅中

❿ 油纸也一起放进去（油纸放进去一起炸后，炸好，油纸会自动掉下来）

⓫ 炸至差不多时，将油纸取出来

⓬ 继续等甜甜圈炸好后，捞出。我又挤了一些小面糊，放锅里炸的。感觉很可爱

飞雪有话说

1. 黄油如果没有，就用色拉油。

2. 高筋面粉如果没有，也可以用普通面粉。

3. 裱花嘴我用的是大号8齿花嘴。

劲爆鸡米花

女儿常说肯德基的鸡米花好吃，我就说有啥好吃的，还贵。

女儿说：可是我就是喜欢吃嘛。

想想我这么一个爱钻研的人，怎么就没有做做这个鸡米花呢？

其实鸡米花，很简单。需要的材料也不复杂。

等我把这一盘子鸡米花端上桌的时候，女儿说谁也别和我抢啊。

看着她尽情地吃，我的心里别提多幸福了！

原料

鸡肉200克，鸡蛋一个，中筋面粉50克，料酒5mL，胡椒粉1茶匙(5克)，
孜然粉1茶匙(5克)，盐1茶匙(5克)，面包糠适量，油400克

分量

二百五十克

做法

❶ 准备材料，鸡蛋打散在碗中备用，面包糠备用

❷ 将鸡肉切成3厘米的鸡丁加入2克胡椒粉，2克盐，5mL料酒，
搅拌好，面粉与剩下的胡椒粉，孜然粉，盐混合好 (这样做的目
的是为了让鸡肉有滋有味)

❸ 鸡肉先过一遍面粉

❹ 再过一遍鸡蛋液 (这样做的目的是为了能裹住面包糠)

❺ 最后将鸡肉在面包糠中滚一遍 (以上步骤最好一颗一颗的鸡米花
慢慢地粘上不同的糊。全部粘好后，再用手压一压，确保压实后再炸)

❻ 锅中倒油，油至六七成热时，下入鸡米花 (这时一定要小火，不
能炸煳了)

飞雪有话说

因为鸡肉非常嫩，比较容
易熟，炸至金黄取出。

麻辣花生

麻辣花生我吃的时候，

立马被这种味道所吸引。

后来网上一找，原来麻辣花生早就流行。

时至今天，不管是男人们的下酒菜或是女人们的休闲小食，

都相当不错。

连小孩子们也会爱上这样的味道。

原料

花生100克，辣椒干20个，花椒2克，油400克

调料

盐1小匙，糖1小匙

分量

一碗

做法

1 辣椒干 10 个加花椒 1 克煮 5 分钟关火
2 加入花生米泡一个小时（让花生有麻辣的感觉）
3 泡好后一个一个去掉花生的表皮
4 沥干水分
5 放冰箱冷冻半个小时
6 下油锅炸熟（炸的时候保持火力均匀，不要炸煳）
7 锅中放另外的 10 个辣椒干和 1 克花椒
8 倒入花生慢慢炒出香味加入盐和糖即可

飞雪有话说

1. 花生加入煮过的辣椒，花椒，麻辣感增强。
2. 泡过辣椒水的花生非常好剥。
3. 炸花生的时候要小火，火力不能大，大了容易煳。
4. 将花生放冰箱冷冻是为了炸的时候更脆。

香酥炸鸡腿

鸡腿肉用来炸的话，
是非常适合的，
因为个头不是很大，
一人一个刚刚好。

🍳原料
鸡腿4个，香酥炸鸡料一包（45克）

📏分量
四个

🍲做法

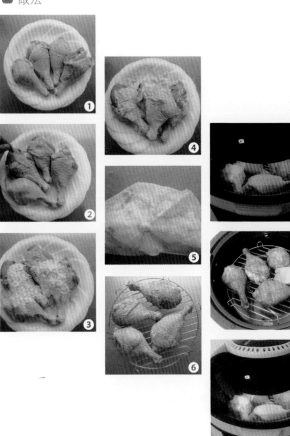

❶ 鸡腿四个清洗干净，
❷ 用牙签扎上小洞（这样做是为了更入味）
❸ 然后倒入香酥炸鸡料
❹ 将炸鸡料均匀抹好（用手按摩鸡腿，可以节约时间也更入味）
❺ 装入保鲜袋中一晚上
❻ 将鸡腿取出，放在烧烤架上
❼ 用空气炸锅，烧烤挡180℃ 20分钟
❽ 大约10分钟的时候，取出用刷子刷一层油
❾ 再继续10分钟即可

飞雪有话说

1. 鸡腿根据大小，时间会稍有不同。
2. 如果没有香酥炸鸡料，可以自己配一些料炸制。
3. 如果没有空气炸锅，也可以直接用油炸，油温要低一点确保鸡腿炸熟。

油炸糕

油炸糕是很多人喜欢的一道特色小吃。
不光是东北，河北等地也有卖，
现在渐渐地也向南方发展。

🍱 原料
糯米面200克，豆沙200克，开水100克，油400克

📋 分量
十个

🍲 做法

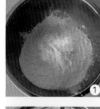

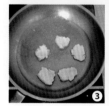

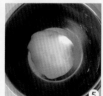

❶ 糯米面倒入容器中
❷ 加入滚开的水揉成团，有些干也不要紧
❸ 取少量一些揉好的面团，放入开水中煮熟
❹ 再重新放回容器里的大面团中
❺ 揉成面团就比较容易了（因为有小部分面团煮熟了，煮好的面团再重新揉会非常的滋润）
❻ 将面团和豆沙各分成10份
❼ 取一份面团擀圆用手圈起（这里手法就像是包汤圆一样）
❽ 包入豆沙馅（豆沙馅可以自制，也可以买市售的，但都要稍硬点，会比较好包，炸的时候也不会容易炸裂开）
❾ 按平
❿ 准备油锅，油热后，下油炸至金黄色即可

那么做一道油炸糕有什么讲究么？

1. 面团坯子要炸至浮起，并且能有金色的表面，皮吃到嘴里要酥脆。
2. 咬开后，要黄白黑三色分明。
3. 黄色的就是炸得金黄透酥的外皮。
4. 白色的是糯米面。
5. 黑的就是包的馅料，馅料可不能少放哦，不然会不地道。

飞雪有话说

1. 油炸食品建议少吃。
2. 炸的时候，要注意不停地按压，不然面团会轻微地炸开。
3. 一般炸至金黄色就可以了。

炸 薯 条

肯德基的薯条很受女儿喜爱，只要去必点。

后来呢，自己会做了，去肯德基也不会点了。

自己做的薯条，一次可以放冰箱多冻点，

每次想吃的时候炸一点也特别方便呢。

原料
中型土豆一个，油400克

调料
番茄酱少许

分量
四十根

做法

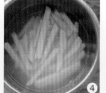

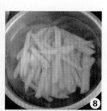
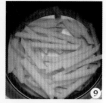
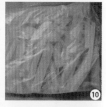
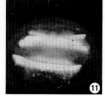

❶ 土豆一个洗净

❷ 将土豆去皮后切成片状

❸ 再切成长条形

❹ 放入冷水中洗，用力洗将土豆淀粉洗掉

❺ 多洗几次，一定要洗去淀粉水，然后捞出

❻ 另准备一个锅，放入水

❼ 锅里的水烧开

❽ 将土豆条放进去焯一下，大约一分钟

❾ 再将焯好水的土豆，放入凉水中浸泡，变凉

❿ 接着放入保鲜袋中，冷冻(如果您分批炸的，那么请分批放入保鲜袋中。要炸时放回室温，再炸。或者您将土豆条，一根一根地先平铺在有保鲜膜的冷冻室，冻硬后，再用保鲜袋扎好。这样取出来的时候就不会粘连)

⓫ 炸的时候控制油温，因为土豆含水量较高，所以请用厨房纸巾沥干水分再炸(炸的时候也注意，孩子不要靠近，自己也不要被炸伤)

飞雪有话说

1. 炸出来的土豆条，配上番茄酱味道十分好。

2. 也可以配上沙拉酱，味道也很不错哦。

155

炸香蕉

这道点心从表面看，
绝对想不出来里面还包含着香蕉，
但正是这种香蕉藏在里面又香又甜。

🗓 **原料**
鸡蛋50克，中筋面粉50克，泡打粉1.5克，水20克，
香蕉两根，油400克

🔪 **分量**
十二块

🍲 **做法**

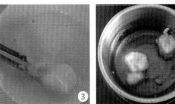

❶ 将面糊材料搅拌均匀（鸡蛋和泡打粉的作用就是为
了炸的时侯起膨胀的作用）
❷ 香蕉切成小段
❸ 将香蕉放入面糊中，让其均匀裹上面糊
❹ 放入油锅中炸至金黄色即可

飞雪有话说

1. 如果没有泡打粉可不加。
2. 炸的时侯火力宜小不宜
   大。